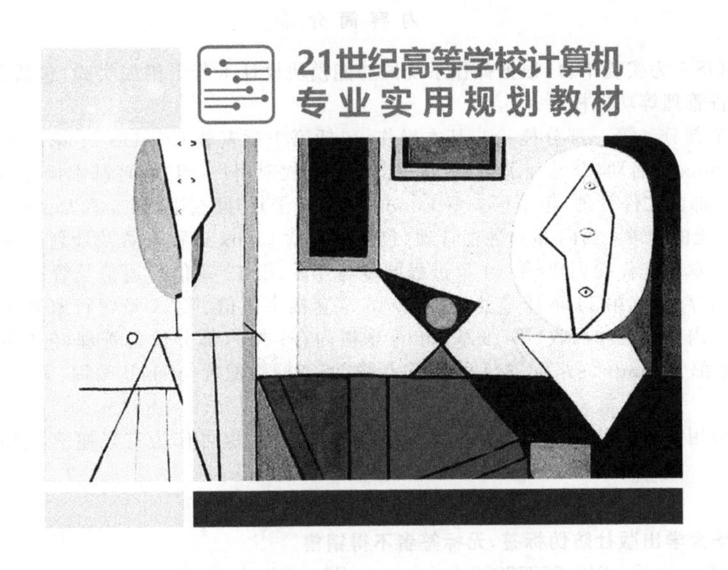

Linux
操作系统原理实践教程

◎ 崔继 邓宁宁 陈孝如 廖景荣 编著

清華大學出版社
北京

内容简介

本书以 CentOS 7 为实验平台，根据操作系统的功能模块设计了若干相关实验，包括文件管理、进程管理、存储管理、设备管理等功能模块。

全书共分 7 个部分。第一部分概论与基本操作，包括第 1 章安装 CentOS 7；第二部分 Linux 操作基础，包括第 2 章 Linux 的启动、登录和关机、第 3 章 Linux 的权限用户(组)管理基本操作、第 4 章 vi 文本编辑器的使用；第三部分文件管理，包括第 5 章 Linux 文件(目录)访问权限、第 6 章 Linux 常用文件系统、第 7 章 Linux 文件系统的管理；第四部分进程管理，包括第 8 章 Linux 进程查看及计划任务、第 9 章 GCC 编译器的使用、第 10 章子进程的创建、第 11 章进程同步与互斥、第 12 章信号通信及管道通信、第 13 章消息队列通信及共享内存通信、第 14 章信号量通信、第 15 章套接字通信、第 16 章银行家算法；第五部分存储管理，包括第 17 章内存监控和回收、第 18 章 Linux 虚拟内存；第六部分设备管理，包括第 19 章设备查看与设备驱动；第七部分 Linux 网络配置与管理，包括第 20 章网络配置与 shell 编程、第 21 章基于 KVM 的虚拟机安装。

本教材适合应用型本科计算机类操作系统原理的实践教学，也可作为有兴趣学习 Linux 原理的实验参考书。

图书在版编目(CIP)数据

Linux 操作系统原理实践教程/崔继等编著. —北京：清华大学出版社，2020.7(2025.1 重印)
21 世纪高等学校计算机专业实用规划教材
ISBN 978-7-302-55387-8

Ⅰ. ①L… Ⅱ. ①崔… Ⅲ. ①Linux 操作系统－高等学校－教材 Ⅳ. ①TP316.89

中国版本图书馆 CIP 数据核字(2020)第 068535 号

责任编辑：陈景辉 黄 芝
封面设计：刘 键
责任校对：梁 毅
责任印制：杨 艳

出版发行：清华大学出版社
网 址：https://www.tup.com.cn，https://www.wqxuetang.com
地 址：北京清华大学学研大厦 A 座 **邮 编**：100084
社 总 机：010-83470000 **邮 购**：010-62786544
投稿与读者服务：010-62776969，c-service@tup.tsinghua.edu.cn
质量反馈：010-62772015，zhiliang@tup.tsinghua.edu.cn
课件下载：https://www.tup.com.cn，010-83470236
印 装 者：三河市龙大印装有限公司
经 销：全国新华书店
开 本：185mm×260mm **印 张**：14.5 **字 数**：359 千字
版 次：2020 年 9 月第 1 版 **印 次**：2025 年 1 月第 6 次印刷
印 数：4101～4400
定 价：49.90 元

产品编号：083894-01

出版说明

随着我国改革开放的进一步深化，高等教育也得到了快速发展，各地高校紧密结合地方经济建设发展需要，科学运用市场调节机制，加大了使用信息科学等现代科学技术提升、改造传统学科专业的投入力度，通过教育改革合理调整和配置了教育资源，优化了传统学科专业，积极为地方经济建设输送人才，为我国经济社会的快速、健康和可持续发展以及高等教育自身的改革发展做出了巨大贡献。但是，高等教育质量还需要进一步提高以适应经济社会发展的需要，不少高校的专业设置和结构不尽合理，教师队伍整体素质亟待提高，人才培养模式、教学内容和方法需要进一步转变，学生的实践能力和创新精神亟待加强。

教育部一直十分重视高等教育质量工作。2007 年 1 月，教育部下发了《关于实施高等学校本科教学质量与教学改革工程的意见》，计划实施“高等学校本科教学质量与教学改革工程(简称‘质量工程’)”，通过专业结构调整、课程教材建设、实践教学改革、教学团队建设等多项内容，进一步深化高等学校教学改革，提高人才培养的能力和水平，更好地满足经济社会发展对高素质人才的需要。在贯彻和落实教育部“质量工程”的过程中，各地高校发挥师资力量强、办学经验丰富、教学资源充裕等优势，对其特色专业及特色课程(群)加以规划、整理和总结，更新教学内容、改革课程体系，建设了一大批内容新、体系新、方法新、手段新的特色课程。在此基础上，经教育部相关教学指导委员会专家的指导和建议，清华大学出版社在多个领域精选各高校的特色课程，分别规划出版系列教材，以配合“质量工程”的实施，满足各高校教学质量和教学改革的需要。

本系列教材立足于计算机专业课程领域，以专业基础课为主、专业课为辅，横向满足高校多层次教学的需要。在规划过程中体现了如下一些基本原则和特点。

(1) 反映计算机学科的最新发展，总结近年来计算机专业教学的最新成果。内容先进，充分吸收国外先进成果和理念。

(2) 反映教学需要，促进教学发展。教材要适应多样化的教学需要，正确把握教学内容和课程体系的改革方向，融合先进的教学思想、方法和手段，体现科学性、先进性和系统性，强调对学生实践能力的培养，为学生知识、能力、素质协调发展创造条件。

(3) 实施精品战略，突出重点，保证质量。规划教材把重点放在公共基础课和专业基础课的教材建设上；特别注意选择并安排一部分原来基础比较好的优秀教材或讲义修订再版，逐步形成精品教材；提倡并鼓励编写体现教学质量和教学改革成果的教材。

(4) 主张一纲多本，合理配套。专业基础课和专业课教材配套，同一门课程有针对不同层次、面向不同应用的多本具有各自内容特点的教材。处理好教材统一性与多样化，基本教材与辅助教材、教学参考书，文字教材与软件教材的关系，实现教材系列资源配套。

(5) 依靠专家，择优选用。在制定教材规划时要依靠各课程专家在调查研究本课程教材建设现状的基础上提出规划选题。在落实主编人选时，要引入竞争机制，通过申报、评审确定主题。书稿完成后要认真实行审稿程序，确保出书质量。

繁荣教材出版事业，提高教材质量的关键是教师。建立一支高水平教材编写梯队才能保证教材的编写质量和建设力度，希望有志于教材建设的教师能够加入到我们的编写队伍中来。

21 世纪高等学校计算机专业实用规划教材

联系人：魏江江 weijj@tup.tsinghua.edu.cn

前　言

党的二十大报告强调“必须坚持科技是第一生产力、人才是第一资源、创新是第一动力，深入实施科教兴国战略、人才强国战略、创新驱动发展战略，开辟发展新领域新赛道，不断塑造发展新动能新优势”。

Linux 是一套免费使用和自由传播的类 UNIX 操作系统，是一个基于 POSIX 和 UNIX 的多用户、多任务、支持多线程和多 CPU 的操作系统。Linux 不仅具有系统性能稳定的优点，而且是开源软件，目前已广泛应用于系统开发、系统管理与维护、语言开发及嵌入式软件开发等多个领域。尽管 Linux 有许多发行版本，但它们都使用了 Linux 内核。CentOS 作为 Linux 的社区发行版本，其源代码来自于 Red Hat Enterprise Linux（RHEL），获得了包括淘宝、网易等互联网企业青睐。

作为学习 Linux 操作系统原理的实验配套教材，主要解决的问题是实验内容的选取和理论与实践的有机结合。本教材从初学者的角度入手，按照知识体系结构，逐步增加知识点。全书根据操作系统的功能模块设计了 21 个实验，供教师、学生和读者选用。每个实验内容包括：实验目的、实验环境、预备知识、实验步骤以及思考与练习等。

本书特色

（1）突出基本概念和基本方法的实践教学。

本教材内容紧紧围绕基本概念和基本方法，着重讲解操作系统核心的内容，通过实践教学去加深对理论知识的理解。同时，遵循由易到难的原则，合理安排教学模块的顺序，在学习完 Linux 的基本操作后，先学习文件系统，再学习进程管理，以适当降低学生学习的难度，这也是有别于其他许多教材的地方。

（2）将理论知识应用于实践，培养学生的应用能力。

操作系统是计算机系统中最重要的系统软件，对操作系统工作原理的学习，对培养学生 IT 素养、编程能力、网络运行维护能力、网络安全能力，以及学习其他 IT 专业课程，无疑具有非常重要的意义。本教程偏重于对操作系统原理的认识、理解，实验内容多为设计型实验和验证性实验，以培养学生的应用能力。

（3）采用操作系统的较新成果，突出新技术、新知识的应用。

虽然目前操作系统的原理没有太多的变化，但实现技术、方法却在不断的创新。对于应用型本科院校，笔者的观点是应该让学生尽可能早地接触到最新的 IT 前沿技术。因此，本教材采用了较新的 Linux 版本 CentOS 7，该版本在很多地方都和以前的 Linux 版本有所不同。例如，文件系统默认采用了 xfs 而不再是 ext4；系统启动使用 systemd 目标替换了之前的 runlevel 级别等。另外，从 CentOS 7 版本开始，虚拟化、云计算等方面的功能支持更加强大，让学生提前熟悉这个云操作系统，也为今后专业课程的学习打下良好的基础。

配套资源

为便于教学，本书配有程序源码、电子课件、教学大纲、教学日历、习题答案。获取方式：可以扫描本书封底的课件二维码下载。

本教材主要由广州大学华软软件学院网络技术系的崔继、软件工程系的邓宁宁编写，崔继编写第 1～10 章，第 17～21 章；邓宁宁编写第 11～16 章；参加编写、统稿的还有陈孝如、廖景荣。

由于时间仓促和作者水平有限，书中疏漏和不妥之处在所难免，敬请读者批评指正。

作　者

2020 年 7 月

目　录

第一部分　概论与基本操作

第二部分　Linux 操作基础

第三部分 文件管理

第五部分 存储管理

第六部分 设备管理

第七部分　Linux 网络配置与管理

第一部分 概论与基本操作

Linux 操作系统最早是由 Linus Torvalds(林纳斯 · 托瓦兹)开发的。它是一个免费开放源代码的操作系统,目前由来自世界各地的爱好者开发和维护,是世界上使用最多的类 UNIX(like-UNIX)操作系统。自 Linux 诞生以来,凭借其稳定、安全、高性能和高扩展性等优点,得到广大用户的欢迎,成为目前最为流行的操作系统之一。

Linux 内核由 C 语言编写,符合 POSIX(Portable Operating System Interface,可移植操作系统接口)标准。但是 Linux 内核并不能称为操作系统,内核只提供基本的设备驱动、文件管理、资源管理等功能,是 Linux 操作系统的核心组件。Linux 内核可以被广泛移植,而且还对多种硬件都适用。

Linux 有众多发行版本,很多发行版本还很受欢迎,有非常活跃的用户论坛或用户邮件列表,许多问题都可以得到快速解答。

本部分通过安装 Linux 的发行版本 CentOS 7 来了解安装 Linux 操作系统及建立操作系统应用环境的过程。

第1章 安装 CentOS 7

1.1 实验目的

(1) 熟悉 VMware 中的网络配置方式。
(2) 掌握在 VMware 上运行和安装操作系统的方法。

1.2 实验环境

(1) 安装了 VMware 软件的计算机一台。
(2) CentOS 7 软件源(映像文件)。

1.3 预备知识

1.3.1 虚拟机简介

虚拟机(Virtual Machine),顾名思义,就是虚拟出来的一台计算机,简单地说,虚拟机就是用软件来模拟出计算机软硬件环境,通过共享宿主机的部分硬件,以及宿主机 CPU 模拟的部分虚拟硬件,建立完整的运行环境。VMware 使得在一台机器上同时运行两个或更多 Windows、Linux 操作系统。与“多启动”系统相比,VMware 采用了完全不同的概念。“多启动”系统在一个时刻只能运行一个系统,在系统切换时需要重新启动机器。VMware 是真正“同时”运行多个操作系统,在主系统的平台上,就像标准 Windows 应用程序那样可以随意切换。而且每个操作系统都可以进行虚拟地分区、配置而不影响真实硬盘的数据。只是安装在 VMware 上的系统的性能比直接安装在硬盘上的系统的性能低不少,因此,比较适合学习和测试。

VMware 提供多种虚拟网络模式,主要包括桥接模式、NAT 模式、主机模式等,其使用和配置方法请参考本书后的附录 A。

1.3.2 CentOS 简介

CentOS 的源代码来自 RHEL(Red Hat Enterprise Linux,红帽企业版),其社区提供及时的安全更新和软件升级服务,它是一个企业级发行版,适用于普通开发者和服务器领域。

虽然 CentOS 是根据 RHEL 源代码编译而成,但 CentOS 与 RHEL 仍有许多不同之处，主要表现在以下 3 个方面。

(1) RHEL 中包含了红帽自行开发的闭源软件(如红帽集群套件等)，这些软件并未开放源代码，因此也就未包含在 CentOS 发行版中。

(2) CentOS 发行版通常会修改 RHEL 中存在的一些缺陷(Bug)，并提供了一个 yum 源，以便用户可以随时更新操作系统。

(3) 与 RHEL 提供商业技术支持不同，CentOS 并不提供任何形式的技术支持，用户遇到的问题需要自行解决，因此 CentOS 对技术人员的要求更高。

使用者可以到其官方网站 www. centos. org 下载 CentOS 的最新版本，如图 1-1 所示。

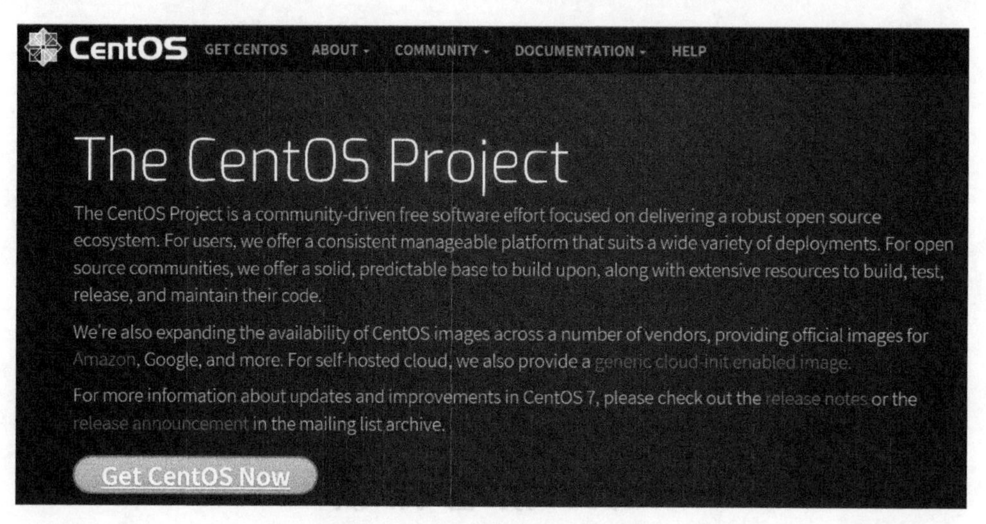

图 1-1　CentOS 官方网站界面

1.3.3　安装 CentOS 基础知识

1. 磁盘分区

安装一个全新的 CentOS 如同安装全新的 Windows 一样，都需要先对磁盘进行分区。在 Windows 系统中，不同的分区用 C、D、E 等盘符表示，只要进入这些盘符就进入了相应的分区。但在 Linux 系统中没有盘符的概念，不同的分区被挂载在不同的目录下面，只要进入挂载点就进入了相应的分区。

对于初学者而言，最好使用一个合理的静态分区方案。Linux 最简单的分区方案包括以下 3 个。

(1) swap 交换分区。这个分区虽然不是必需的，但强烈推荐配置。该分区没有挂载点，大小通常为内存的 1～2 倍。当系统运行且物理内存不足时，系统会将内存中不常用的数据存放到 swap 中，即 swap 被当作了虚拟内存。

(2) 根分区“/”。这个分区是必需的。根分区的挂载点是“/”，这个目录是系统的起点，可以将剩余的空间都分配到这个分区中。此时该分区中包含了用户家目录、配置文件、数据文件等内容。

(3) /boot 分区。这个分区主要用来存放系统引导时使用的文件，通常被称为引导分区。它不是必需的，可以放在根分区中。为了便于系统的管理及维护，建议单独划分。

2. 逻辑卷集划分方式

逻辑卷集划分方式(Logical Volume Group,LVM)对系统有多个磁盘的情况特别有效,可以把多个磁盘的空间统一管理,它也是 CentOS 7 默认的方式。这种方式的要点如下所述。

(1) 在各个单独的物理磁盘上划分物理卷。

(2) 将多个物理分区组合成为一个逻辑卷集。

(3) 在逻辑卷集里创建 Linux 所需要的分区(由于/boot 分区要引导系统,所以不能在逻辑卷集里创建,必须单独创建)。

尽管逻辑卷集有诸多好处,但依然建议初学者在安装系统时使用静态分区(标准分区),待系统安装好之后再学习逻辑卷集操作。

1.4 实验步骤

1.4.1 创建虚拟机

在 WMware 中创建虚拟机的操作步骤如下:

(1) 在 VMware 中选择"文件"→"新建虚拟机"选项,在弹出的"新建虚拟机向导"对话框中选择希望采用什么类型的配置。一般选择"典型(推荐)"即可,如图 1-2 所示。

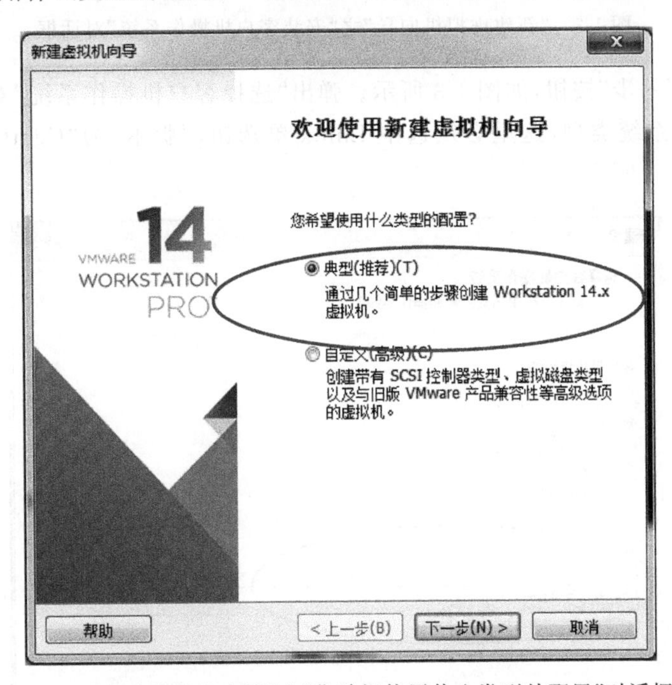

图 1-2 "新建虚拟机向导"之"您希望使用什么类型的配置"对话框

(2) 单击"下一步"按钮,如图 1-2 所示。在弹出的"新建虚拟机向导"对话框中,可以选择"安装程序光盘"或者使用"光盘映像文件"选项。前者需要有物理光驱,目前多数计算机都没有光驱,因此只能选择"安装程序光盘映像文件"选项。这里建议选择"稍后安装操作系统"选项,在稍后时进行选择,如图 1-3 所示。

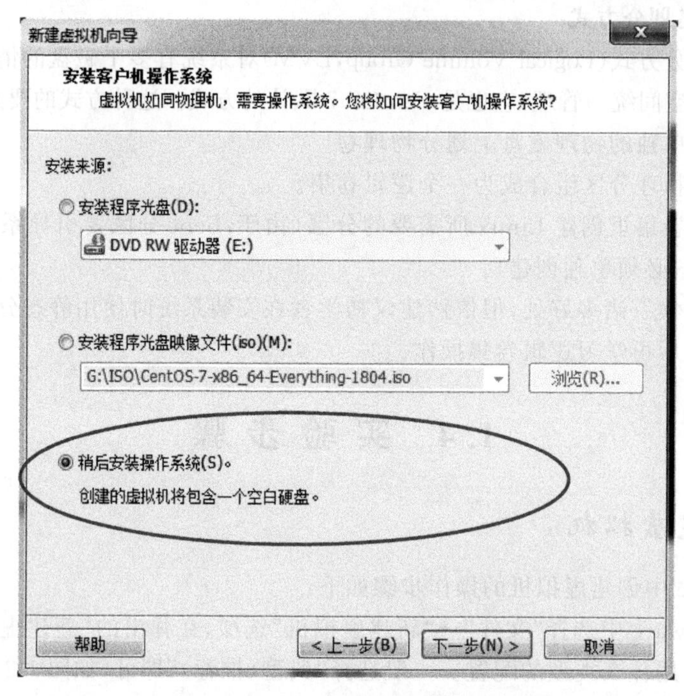

图 1-3 “新建虚拟机向导”之“安装客户机操作系统”对话框

(3) 单击“下一步”按钮，如图 1-3 所示。弹出“选择客户机操作系统”对话框，用于选择需要安装的操作系统类型，这里必须选中 Linux 单选钮，“版本”为“CentOS 7 64 位”选项(默认值)，如图 1-4 所示。

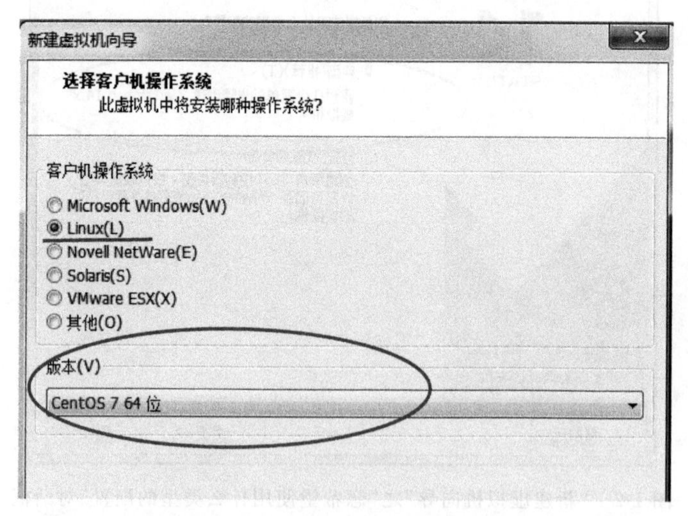

图 1-4 “新建虚拟机向导”之“选择客户机操作系统”对话框

(4) 单击“下一步”按钮，如图 1-4 所示。弹出“命名虚拟机”对话框，用于给虚拟机设定名称和磁盘文件保存位置，如图 1-5 所示。“虚拟机名称”是虚拟机的名字，用户可以根据自己的喜好设置名称；“位置”是虚拟机文件的保存位置，通常会选择磁盘相对比较大的地方，可以通过右边的“浏览”按钮打开“浏览文件夹”对话框，如图 1-6 所示。在图 1-6

中可以设置虚拟机磁盘文件具体保存的位置，完成后单击“确定”按钮，返回如图 1-5 所示的对话框。

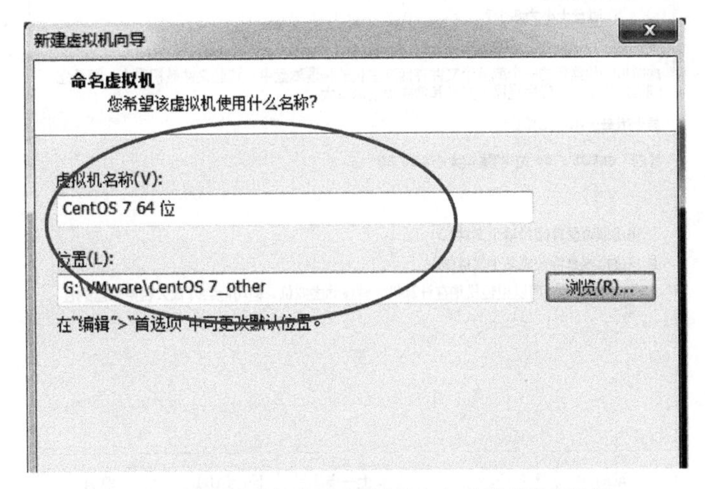

图 1-5 “新建虚拟机向导”之“命名虚拟机”对话框

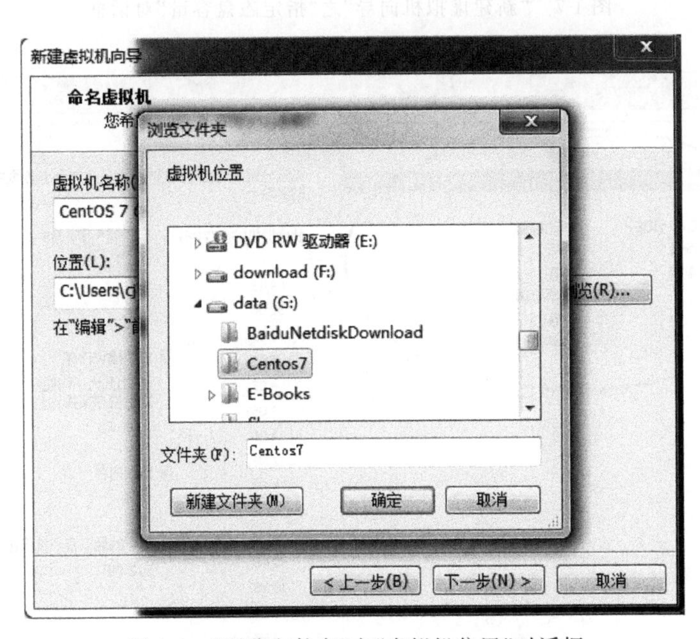

图 1-6 “浏览文件夹”之“虚拟机位置”对话框

(5) 单击“下一步”按钮，如图 1-5 所示。弹出“指定磁盘容量”对话框，用于指定虚拟机占用磁盘的大小。通常，这部分使用默认值即可，如图 1-7 所示。

(6) 单击“下一步”按钮，如图 1-7 所示。在已准备好创建虚拟机窗口中，选择“自定义硬件”选项，弹出“硬件”对话框，在该对话框中可以修改硬件设备，包括内存大小、处理器的数目、网络类型等，如图 1-8 所示。

(7) 在图 1-8 所示的“硬件”对话框中，除个别设备需要修改外，一般建议使用默认值。完成对新建虚拟机硬件设备的修改工作后，单击“关闭”按钮退出。

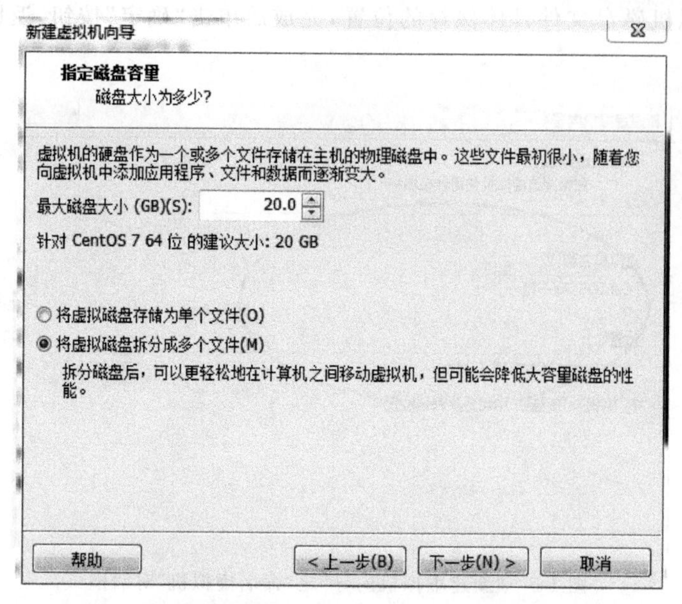

图 1-7 “新建虚拟机向导”之“指定磁盘容量”对话框

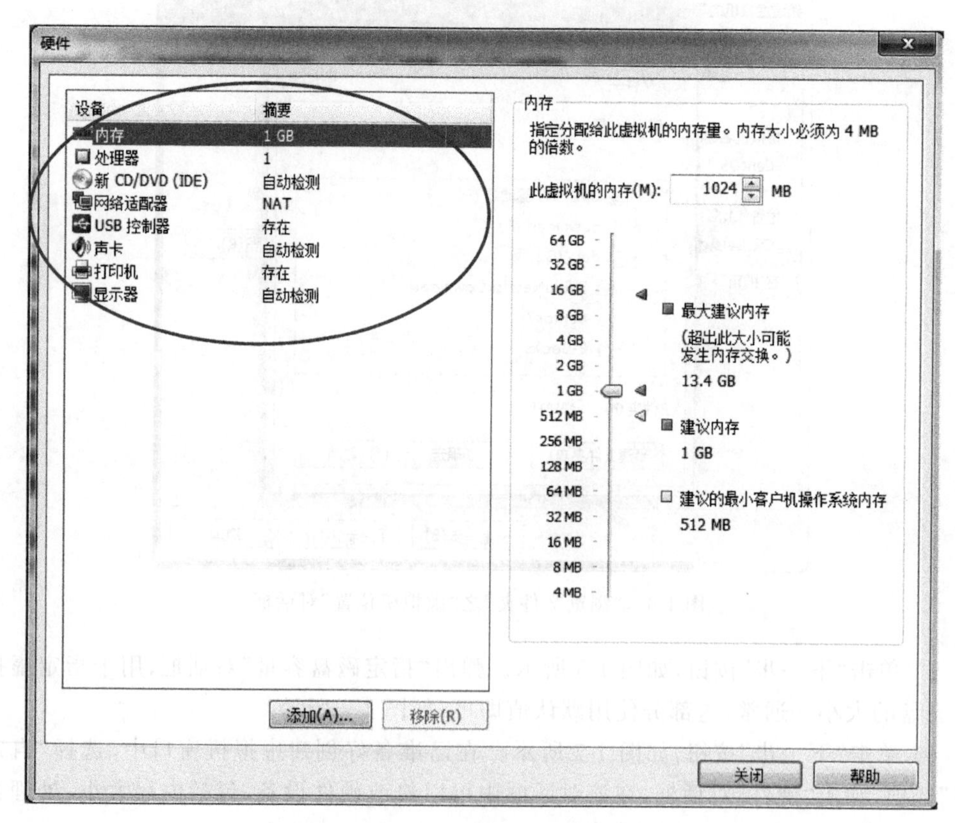

图 1-8 “硬件”对话框

1.4.2 使用ISO文件安装CentOS 7

Linux的安装方法有很多种,在虚拟机中比较简单的安装方法是直接使用光盘或ISO映像文件进行安装。由于现在计算机普遍没有光驱,因此这里只能使用ISO映像文件来安装。要使用ISO映像文件,还需要在虚拟机"硬件"对话框中修改"新CD/DVD"选项,然后才能开启虚拟机并安装操作系统。

其操作步骤如下:

(1) 选中创建的虚拟机,在图1-9所示的窗口中选择"编辑虚拟机设置"选项,弹出"虚拟机设置"对话框,如图1-10所示。

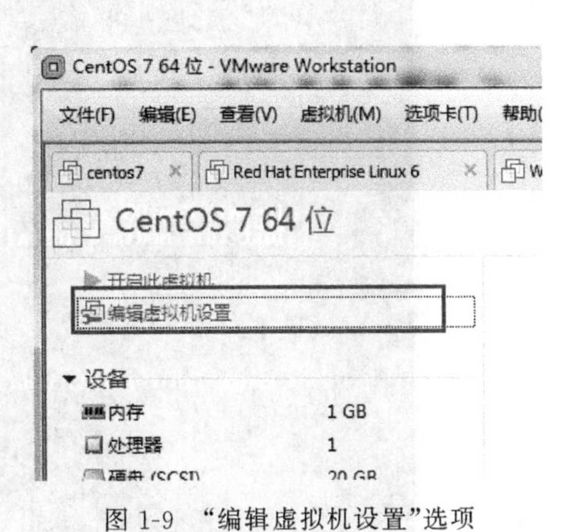

图1-9 "编辑虚拟机设置"选项

(2) 在"虚拟机设置"对话框的"硬件"选项卡中选择CD/DVD选项,在右边"连接"栏中选中"使用ISO映像文件"单选按钮,同时单击"浏览"按钮,在磁盘中找到事先准备好的CentOS 7映像文件并选中,单击"打开"按钮以选择光盘映像文件。设置后的效果如图1-10所示,单击"确定"按钮,返回如图1-9所示的窗口。

(3) 在图1-9所示窗口中单击"开启此虚拟机"按钮,正式进入系统安装过程。

图1-10 "虚拟机设置"之"硬件"选项卡

(4) 虚拟机启动后即进入CentOS 7的安装选择界面,如图1-11所示。可以用键盘上的"↑""↓"光标键选择第一项Install CentOS 7,按Enter键启动安装向导程序,并根据向导的提示进行操作。

(5) 安装程序首先会询问在安装过程中使用的语言,默认是English,可以在左侧选项中选择"中文",右侧选项中选择"简体中文(中国)"。

(6) 单击"继续"按钮,如图1-12所示。弹出"安装信息摘要"对话框,如图1-13所示。在此对话框中,用户设置的信息分为本地化、软件和系统三个部分。根据上面的提示,凡是

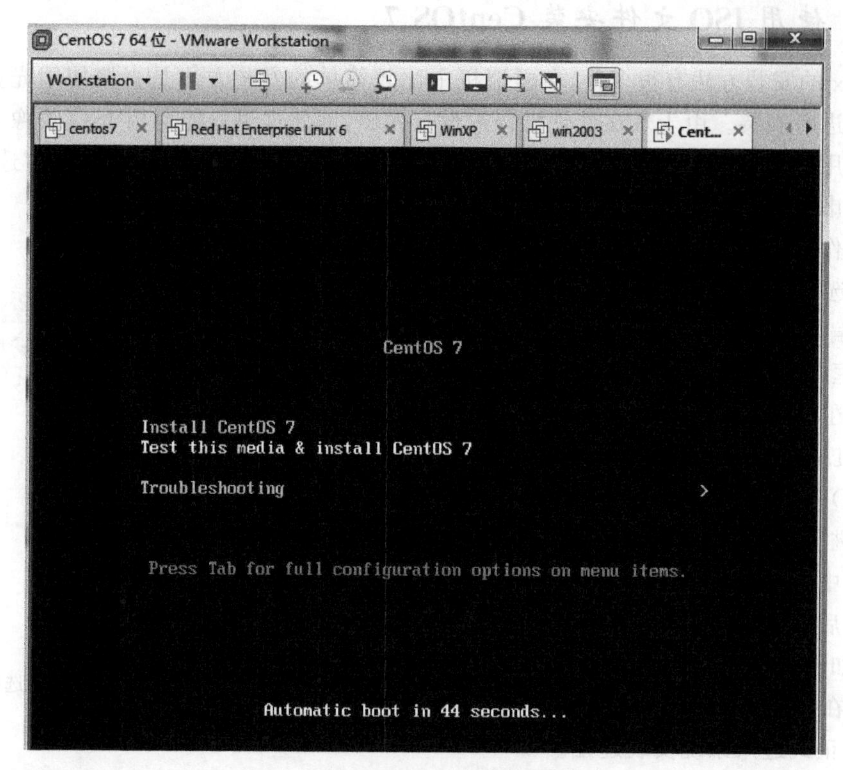

图 1-11　CentOS 7 的安装选择界面

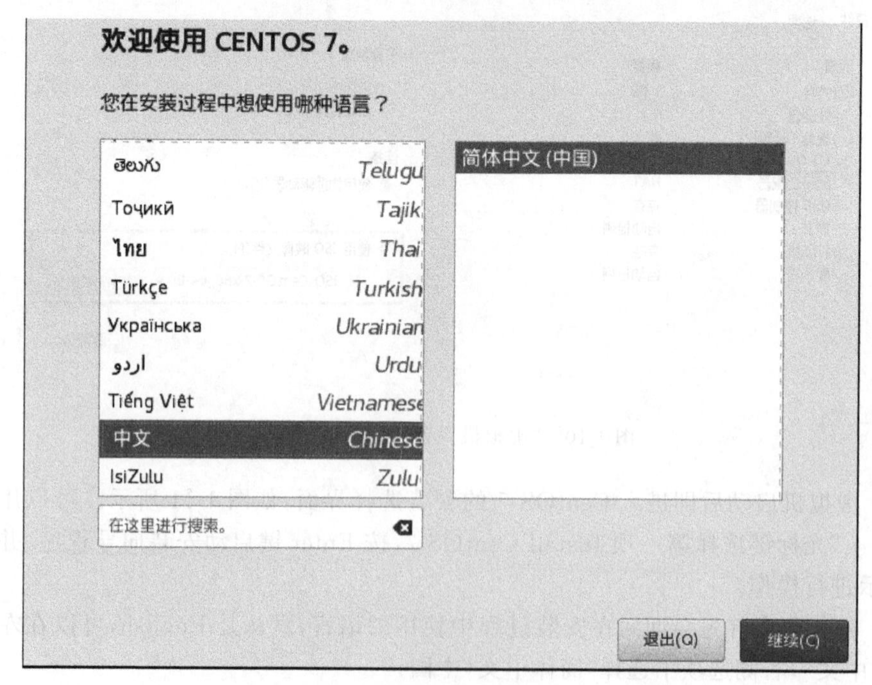

图 1-12　选择安装过程中想使用的语言界面

有黄色“!”图标的项目必须配置,然后才能进行下一步的操作。针对其中的几项配置进行如下简要说明。

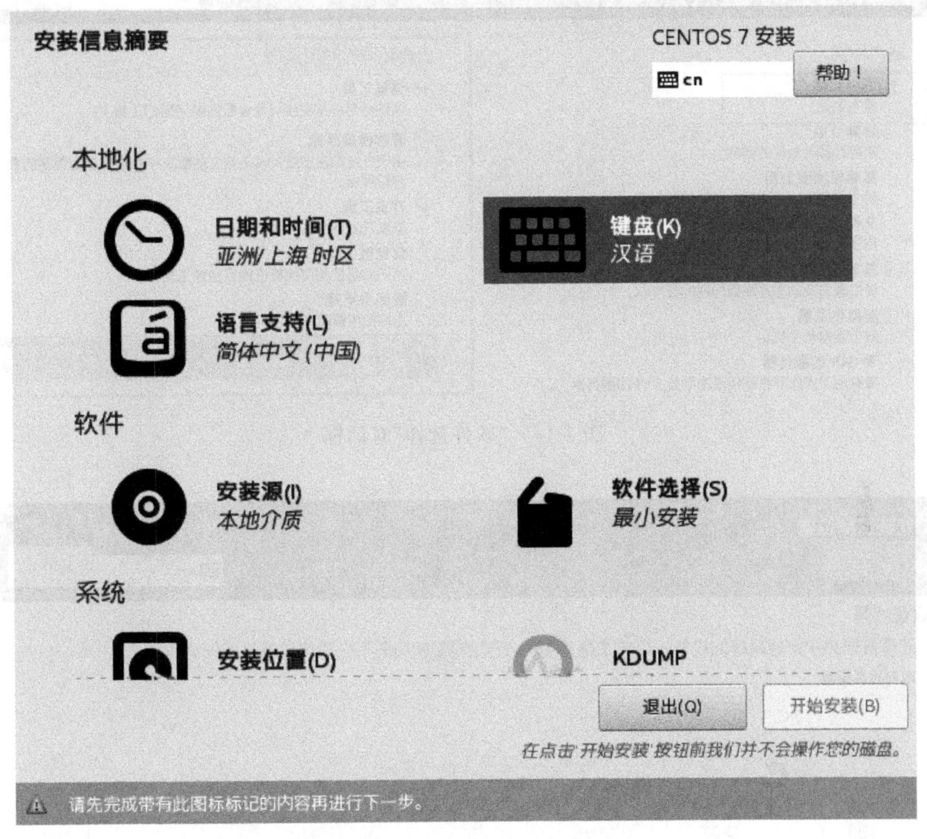

图 1-13 “安装信息摘要”对话框

① 软件选择。选择“软件”部分的“软件选择”选项,弹出“软件选择”对话框,如图 1-14 所示。该对话框左边是“基本环境”单选按钮,是系统预定义的基本环境,按操作系统用途的不同可以分为“最小安装”“计算节点”“基础设施服务器”“文件及打印服务器”“基本网页服务器”“虚拟化主机”“带 GUI 的服务器”“GNOME 桌面”等,可以根据自己的需求选择一种;右边是“已选环境的附加选项”复选框,是每个基本环境中的附加软件选项,表示安装操作系统时需要一并安装的软件,可以根据自己的需求进行选择。注意,某些基本环境默认不会安装图形界面。本示例中使用的是默认基本环境“最小安装”,即只安装系统最基本的组件,为便于今后学习建议将附加选项中的“调试工具”“开发工具”和“系统管理工具”复选框勾选中,如图 1-14 所示。

设置完成后单击左上角的“完成”按钮将再次返回如图 1-13 所示的对话框。

② 安装位置。选择“系统”部分的“安装位置”选项,弹出“安装目标位置”对话框。该对话框又分成三个部分:上面部分是“本地标准磁盘”,即本地硬盘;中间部分是“添加磁盘”,用于添加专用磁盘和网络磁盘;下面部分是“其他存储选项”,包括分区、加密等,如图 1-15 所示。在图 1-15 所示的对话框中,表示本地标准磁盘大小为 20GB 且已选中(图中打“√”图标),分区为“自动配置分区”。由于本示例中操作系统是安装在本地标准磁盘上,没有其

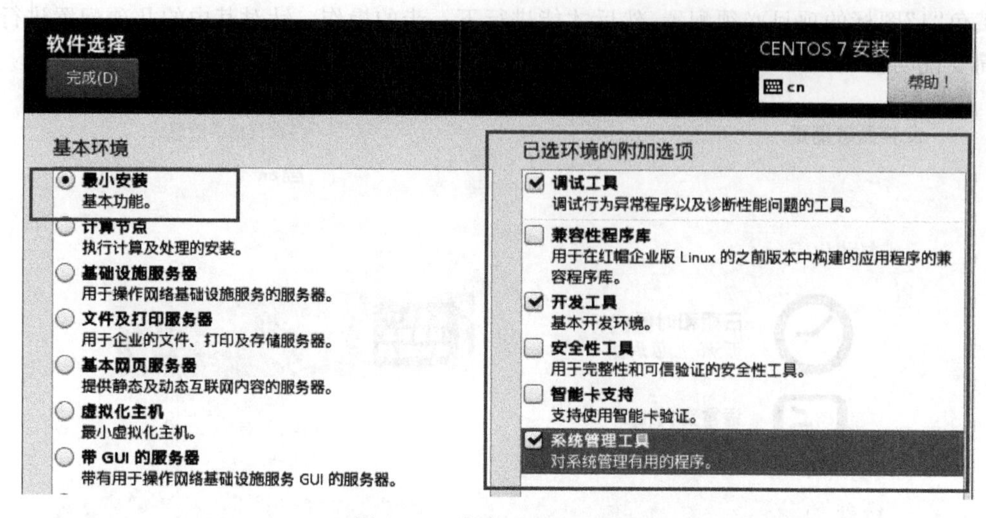

图 1-14 “软件选择”对话框

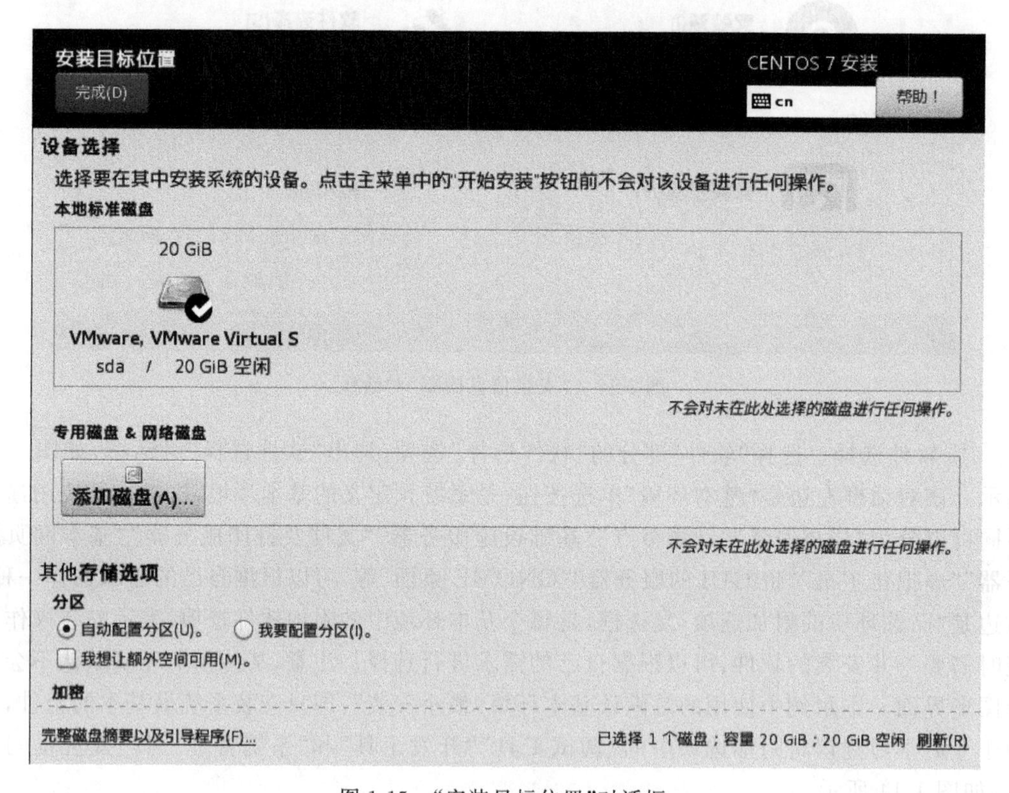

图 1-15 “安装目标位置”对话框

他磁盘，分区选择手动配置，因此需要选择“我要配置分区”选项，如图 1-16 所示。设置完成后单击左上角的“完成”按钮，将进入“手动分区”对话框，如图 1-17 所示。

在图 1-17 所示的“手动分区”对话框中，有以下两项选择操作：

✍ 单击这里自动创建它们。该选项是使用默认值自动分区。

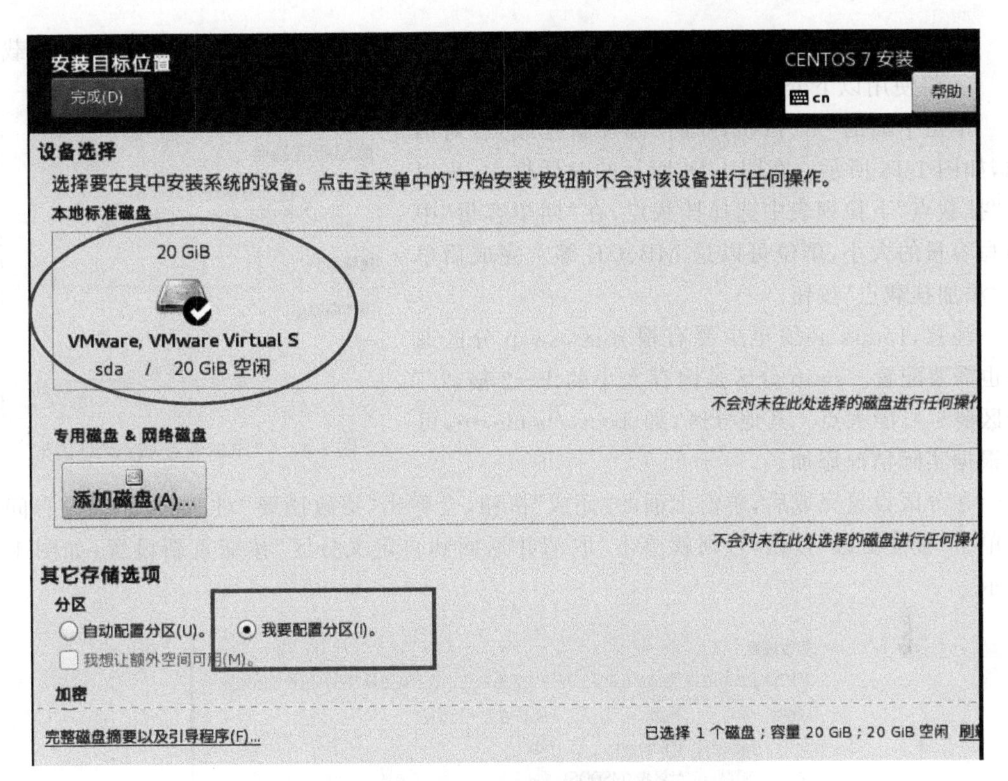

图 1-16　选择手动分区

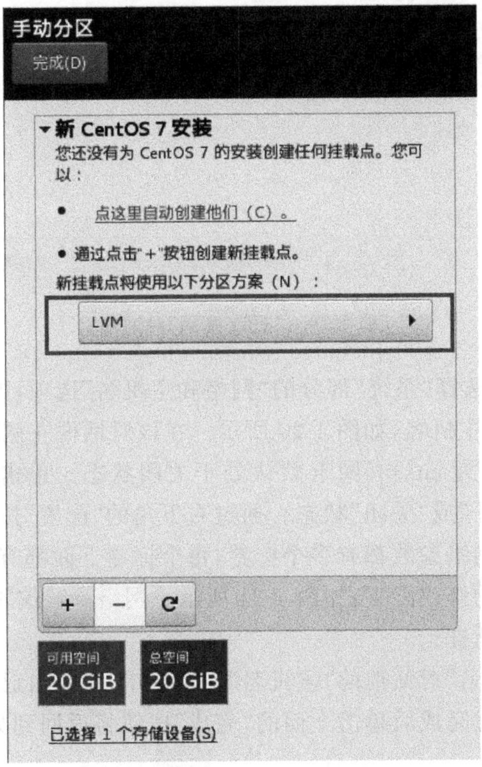

手动分区
完成(D)
新 CentOS 7 安装
您还没有为 CentOS 7 的安装创建任何挂载点。您可以：
- 点这里自动创建他们（C）。
- 通过点击"+"按钮创建新挂载点。

新挂载点将使用以下分区方案（N）：
LVM
+ − ⟳
可用空间 20 GiB
总空间 20 GiB
已选择 1 个存储设备(S)

图 1-17　"手动分区"对话框

✍ 通过单击"+"按钮创建新挂载点。该选项是进行手动分区设置。注意,"新挂载点将使用以下分区方案:选项的默认值为 LVM,建议将其修改为"标准分区"。

单击下面的"+"按钮,弹出"添加新挂载点"对话框,如图 1-18 所示。在图 1-18 所示的对话框中,可以在"挂载点"下拉列表中选择挂载点,在"期望容量"中填写容量的大小,单位可以是 MB、GB 等。完成后单击"添加挂载点"按钮。

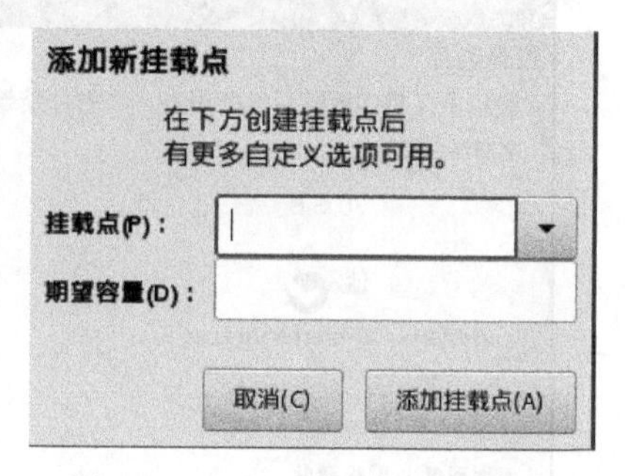

图 1-18 "添加新挂载点"对话框

注意,Linux 必须至少要有根分区,swap 分区通常也需要配置。swap 分区是内存大小的 1~2 倍,"/"分区要尽可能大点。其他分区,如/boot,/home,…,可以根据实际情况添加。

在分区设置完成后,单击上面的"完成"按钮,会弹出"更改摘要"对话框,如果没有问题就单击"接受更改"按钮,否则就单击"取消并返回到自定义分区"按钮重新设置,如图 1-19 所示。

更改摘要

您的自定义更改将产生以下变更,这些变更将会在您返回到主菜单并开始安装时生效:

顺序	操作	类型	设备名称	挂载点
1	销毁格式	Unknown	sda	
2	创建格式	分区表 (MSDOS)	sda	
3	创建设备	partition	sda1	
4	创建设备	partition	sda2	
5	创建格式	xfs	sda2	/
6	创建格式	swap	sda1	

取消并返回到自定义分区(C)　接受更改(A)

图 1-19 "更改摘要"对话框

③ 网络和主机名。选择"系统"部分的"网络和主机名"选项,弹出"网络和主机名"对话框,用于设置网络参数和主机名,如图 1-20 所示。在该对话框左侧可以看到,安装程序发现了一张以太网网卡,命名为 ens33,网卡默认处于关闭状态。单击右边的"打开""关闭"按钮,可以让网卡处于"打开"或"关闭"状态。通过右下角的"配置"按钮,可以对网卡参数进行修改配置。每张网卡的网络参数都有多个标签,每个标签下面都有多个对话框,通过这些对话框可以完成网络参数的修改配置,如图 1-21 所示。网络参数编辑完后单击"保存"按钮返回到"网络和主机名"对话框。

可以在"网络和主机名"对话框的"主机名"文本框中,根据自己的需要进行修改,通常使用默认值即可。全部设置完成后单击上面的"完成"按钮将返回到如图 1-13 所示的"安装信息摘要"对话框。

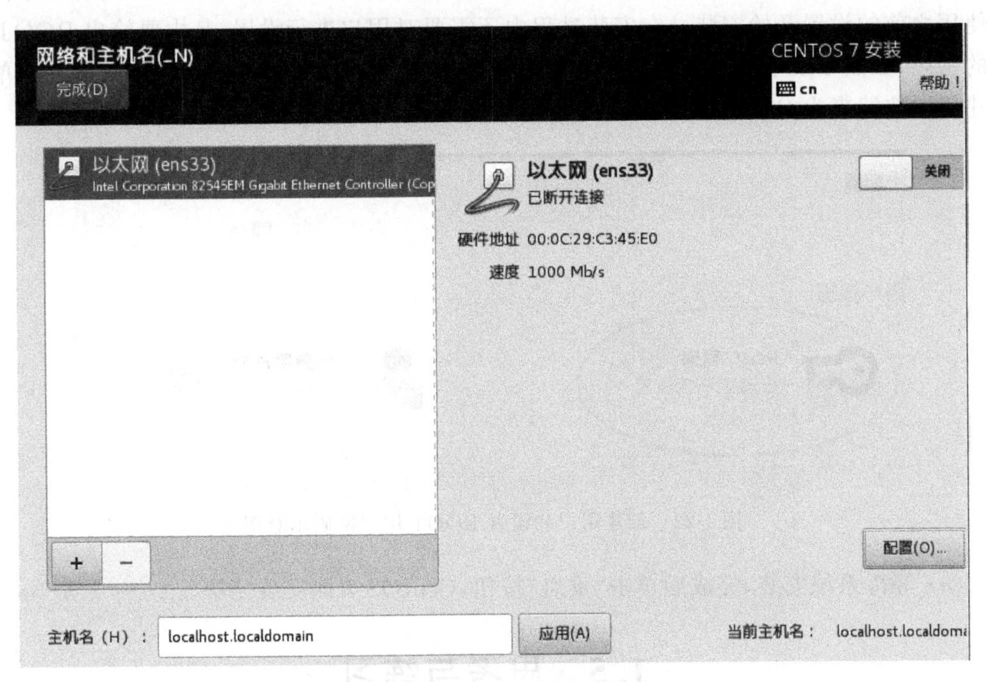

图 1-20 “网络和主机名”对话框

正在编辑 ens33
连接名称(N): ens33
常规 以太网 802.1X 安全性 DCB Proxy IPv4 设置 IPv6 设置
设备(D): ens33
克隆 MAC 地址(L):
MTU: 自动 − + 字节
Wake on LAN: Default Phy Unicast Multicast Ignore Broadcast Arp Magic
Wake on LAN password:
Link negotiation: 忽略
速度(S): 100 Mb/秒
Duplex: Full
Cancel 保存(S)

图 1-21 编辑网卡网络参数对话框

(7) 所有设置完成后,单击"安装信息摘要"对话框中的"开始安装"按钮,安装程序向导会使用之前的设置开始安装。在安装过程中还需要对用户进行设置,其中要给出 ROOT 用户的密码,如图 1-22 所示。单击 ROOT 密码,即可为 ROOT 用户设置密码。还可以单击创建用户按钮来为 CentOS 创建普通账户。

图 1-22 创建用户和设置 ROOT 用户密码示意图

(8) 等待系统安装,完成后单击"重启"按钮,CentOS 7 即安装完毕。

1.5 思考与练习

(1) 在 VMware 中安装 CentOS 7 的基本步骤有哪些?

(2) 安装 Linux 时可以设置哪些分区?有哪些分区是必需的?

第二部分
Linux操作基础

Linux 是一套自由使用的类 UNIX 操作系统，与 Windows 系统相比较，Linux 具有安全、开源、稳定等特点。掌握 Linux 系统的使用、管理、维护及相关原理，需要先了解如何对这个系统进行基本的操作。Linux 拥有强大的命令功能，这些命令可以满足系统管理与用户的需要，极大地提高用户的工作效率。

本部分主要通过对 Linux 系统的启动、登录及关机操作，了解系统的运行情况，掌握基本的 Linux 操作命令；通过对 Linux 命令行的学习，了解 Linux 的系统管理和运行维护方法，熟悉权限用户(组)管理配置文件；使用 vi 文本编辑器，掌握 Linux 中编写文本文件的方法。

第2章 Linux的启动、登录和关机

2.1 实验目的

掌握Linux的启动、登录和关机操作，熟悉Linux的常用基本操作。

2.2 实验环境

一台已安装好VMware软件的主机，虚拟机系统为CentOS 7。

2.3 预备知识

1. Linux权限用户

(1) 超级用户账号：root，对系统进行完全支配和管理的权限。

(2) 伪用户：通常是安装系统时自动创建的用户，不能直接登录系统，如bin、daemon、mail等用户。

(3) 普通用户：只具有管理自己目录的权限，属于普通用户组。

注：超级用户的默认命令提示符为"#"，普通用户的默认命令提示符为"$"。

2. 目标(target)和运行级别

CentOS从7.0开始使用systemd代替init作为系统启动和服务器守护进程的管理器，在系统启动或运行时，负责激活系统资源，管理服务器进程。其主要特性包括以下4点。

(1) 系统引导时实现服务并行启动；

(2) 按需启动守护进程；

(3) 自动化的服务依赖关系管理；

(4) 系统状态快照。

systemd用目标(target)替代了运行级别的概念，提供了更大的灵活性，例如可以继承一个已有的目标，并添加其他服务来创建自己的目标。表2-1所示的是CentOS 7之前的运行级别和systemd目标之间的对应关系。

可以使用命令 ls -l /usr/lib/systemd/system/runlevel*.target 查看当前计算机系统的运行目标，如图2-1所示。

表 2-1 Centos 7 之前的运行级别和 systemd 目标的对应关系

CentOS7.0 之前的运行级别	systemd 目标	对应关系
0	runlevel 0. target, poweroff. target	关闭系统
1	runlevel 1. target,rescue. target	单用户模式
2	runlevel 2. target,multi-user. target	用户定义运行级别,默认等同于 3
3	runlevel 3. target,multi-user. target	多用户,非图形化
4	runlevel 4. target,multi-user. target	等同于 2
5	runlevel 5. target,graphical. target	多用户,图形化
6	runlevel 6. target,reboot. target	重启
emergency	emergency. target	急救模式

```
[root@localhost ~]# ls -l /usr/lib/systemd/system/runlevel*.target
lrwxrwxrwx. 1 root root 15 6月  17 04:41 /usr/lib/systemd/system/runlevel0.target -> poweroff.target
lrwxrwxrwx. 1 root root 13 6月  17 04:41 /usr/lib/systemd/system/runlevel1.target -> rescue.target
lrwxrwxrwx. 1 root root 17 6月  17 04:41 /usr/lib/systemd/system/runlevel2.target -> multi-user.target
lrwxrwxrwx. 1 root root 17 6月  17 04:41 /usr/lib/systemd/system/runlevel3.target -> multi-user.target
lrwxrwxrwx. 1 root root 17 6月  17 04:41 /usr/lib/systemd/system/runlevel4.target -> multi-user.target
lrwxrwxrwx. 1 root root 16 6月  17 04:41 /usr/lib/systemd/system/runlevel5.target -> graphical.target
lrwxrwxrwx. 1 root root 13 6月  17 04:41 /usr/lib/systemd/system/runlevel6.target -> reboot.target
[root@localhost ~]#
```

图 2-1 查看系统运行目标

可以使用命令 systemctl isolate NAME 切换到其他的目标,其中 NAME 是具体的目标名称,例如当前运行的目标是 multi-user. target,可以使用命令 systemctl isolate graphical. target 切换到图形环境(注意,前提是安装了桌面环境),NAME 就是 graphical. target。

3. unit 的概念

systemd 开启和监督整个系统是基于 unit 的概念。unit 是由一个与配置文件对应的名字和类型组成,例如 sshd. service unit 是守护进程 sshd 的一个封装单元,有一个具有相同名字的配置文件 sshd,类型是 service。unit 常见的类型有以下 8 种。

(1) service:文件扩展名为. service,用于定义系统服务。

(2) target:文件扩展名为. target,用于组织实现运行级别。

(3) device:文件扩展名为. device,用于定义内核识别的设备。

(4) mount:文件扩展名为. mount,用于定义文件系统挂载点。

(5) socket:文件扩展名为. socket,用于标识进程间通信用的 socket 文件,也可在系统启动时,延迟启动服务,实现按需启动。

(6) snapshot:文件扩展名为. snapshot,用于管理系统快照。

(7) swap:文件扩展名为. swap,用于标识 swap 设备。

(8) automount:文件扩展名为. automount,用于文件系统的自动挂载点。

4. unit 文件的存放目录

unit 文件可以保存在系统的多个目录下。有以下 3 个位置可以存储 unit 文件。

(1) 位于/usr/lib/systemd/system 下的配置文件,它是每个服务最主要的启动脚本设置文件。

(2) 位于/run/systemd/system 下的配置文件,它是系统执行过程中所产生的服务脚本,比/usr/lib/systemd/system 目录的优先级高。

(3) 位于/etc/systemd/system 下的配置文件，它是管理员建立的执行脚本，具有最高的优先级。

注意，高优先级目录中的文件，会覆盖低优先级目录中的同名文件。

5. unit 文件的格式

unit 文件通常由[Unit]、[Service]和[Install]三部分组成。图 2-2 所示的是文件 dbus-org. fedoraproject. FirewallD1. service(防火墙服务)的内容。下面针对文件的结构和关键字进行介绍。

```
[Unit]
Description=firewalld - dynamic firewall daemon
Before=network-pre.target
Wants=network-pre.target
After=dbus.service
After=polkit.service
Conflicts=iptables.service ip6tables.service ebtables.service ipset.service
Documentation=man:firewalld(1)

[Service]
EnvironmentFile=-/etc/sysconfig/firewalld
ExecStart=/usr/sbin/firewalld --nofork --nopid $FIREWALLD_ARGS
ExecReload=/bin/kill -HUP $MAINPID
# supress to log debug and error output also to /var/log/messages
StandardOutput=null
StandardError=null
Type=dbus
BusName=org.fedoraproject.FirewallD1
KillMode=mixed

[Install]
WantedBy=multi-user.target
Alias=dbus-org.fedoraproject.FirewallD1.service
[root@localhost system]# █
```

图 2-2 unit 文件格式示例

在 unit 文件中，以“#”开头的行后面的内容会被认为是注释，相关布尔值，1、yes、on、true 都是开启，0、no、off、false 都是关闭，时间单位默认是秒(s)，所以要用毫秒(ms)、分钟(m)等显式说明。

(1) [Unit]。定义 UNIT 的元数据，以及配置与其他 UNIT 的关系。UNIT 段的常用选项包括以下 5 种。

① Description：描述信息；

② After：定义 unit 的启动次序，表示当前 UNIT 应该晚于哪些 unit 启动，其功能与 Before 相反；

③ Requires：依赖到的其他 units，属于强依赖。当被依赖的 units 无法激活时，当前 unit 也无法激活；

④ Wants：依赖到的其他 units，属于弱依赖；

⑤ Conflicts：定义 units 间的冲突关系。

(2) [Service]。其为与特定类型相关的专用选项，此处为 service 类型。Service 段的常用选项包括以下 12 种。

① Type：定义影响 ExecStart 及相关参数的功能的 unit 进程启动类型；

② Simple：默认值，这个 daemon 主要由 ExecStart 接的指令串来启动，启动后常驻于内存中；

③ Forking：由 ExecStart 启动的程序透过 spawns 延伸出其他子程序来作为此 daemon 的主要服务，原生父程序在启动结束后就会终止；

④ Oneshot：与 Simple 类似，不过这个程序在工作完毕后就结束了，不会常驻在内存中；

⑤ Notify：在启动完成后会发送一个通知消息，还需要配合 NotifyAccess 来让 systemd 接收消息；

⑥ Idle：与 simple 类似，要执行这个 daemon，必须要所有的工作都顺利执行完毕后才会执行。这类的 daemon 通常是开机到最后才执行即可的服务。

⑦ EnvironmentFile：环境配置文件；

⑧ ExecStart：指明启动 unit 要运行命令或脚本的绝对路径；

⑨ ExecStartPre：ExecStart 前运行；

⑩ ExecStartPost：ExecStart 后运行；

⑪ ExecStop：指明停止 unit 要运行的命令或脚本；

⑫ Restart：当设定 Restart＝1 时，在 daemon 服务意外终止后，会再次自动启动此服务。

(3) [Install]。定义由“systemctlenable”以及“systemctldisable”命令在实现服务启用或禁用时用到的一些选项。Install 段的常用选项包括以下 4 种。

① Alias：别名，可使用 systemctlcommand Alias. service；

② RequiredBy：被哪些 units 所依赖，强依赖；

③ WantedBy：被哪些 units 所依赖，弱依赖；

④ Also：安装本服务的时候还要安装别的相关服务。

可以对 unit 文件进行修改，更改细节等内容可通过 man 5 systemd. unit 命令查看 systemd. unit 帮助文档。

注意：对于新创建的 unit 文件，或者修改的 unit 文件，要通知 systemd 重载此配置文件，通过选择重启命令(systemctl daemon-reload)来完成操作。

6. 操作系统接口

操作系统接口是操作系统为用户提供控制计算机的操作工作和提供服务手段的集合，系统调用接口是操作系统内核与上层应用程序进行交互通信的唯一接口。从使用和系统管理角度出发，用户可以通过操作控制命令、程序接口和图形用户界面等方式实现系统调用。CentOS 默认使用 bash，其命令的一般格式是：

```
命令名  [选项]  [参数1]  [参数2] …
```

其中，命令名须区分大小写，通常是小写的英文字母；命令名、选项、参数之间要用空格或制表符隔开；选项以“-”开始，多个选项可用“-”合并起来写；方括号表示是可选的含义，实际命令中要去除；Linux 操作系统的联机帮助手册(man)对每个命令的准确语法都作了详细说明。例如，当输入 man cp 命令时就可以打开 cp 命令的在线帮助手册页，如图 2-3 所示。

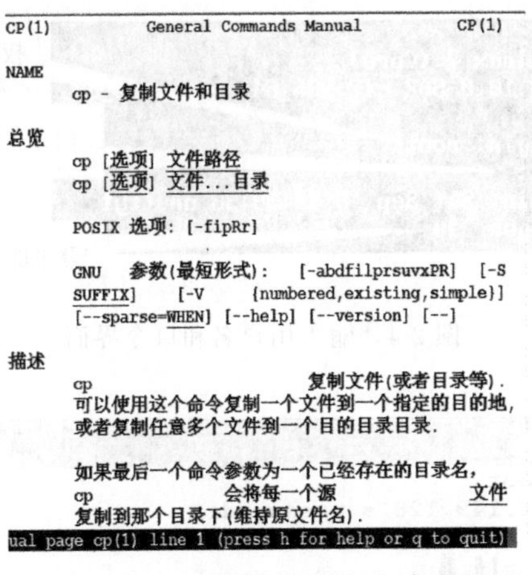

图 2-3　man 在线帮助手册 cp 命令界面

下面是 Linux 常用的一些操作命令。

(1) cp：复制文件和目录。

(2) mv：移动(改名)文件。

(3) rm：移除文件或者目录。

(4) mkdir：建立目录。

(5) rmdir：删除空目录。如果所给出的目录不为空，就报错。

(6) cd[-L|-P][dir]：改变当前路径到 dir。这个变量的默认值是 HOME 目录。

(7) pwd：显示出当前(活动)目录的名称。

(8) ls，dir，vdir：列目录内容。

(9) cat：连接文件并在标准输出上输出。

(10) touch：修改文件的时间戳记，若要修改戳记的文件不存在，touch 将创建它(作为空文件)。

(11) echo：显示一行文本。

(12) more：在显示器上用于分页显示(一次一屏)文本。

(13) less：和 more 相似，但可以自由移动。

2.4 实验步骤

2.4.1 启动和登录 Linux

在 VMware Workstation 中打开已存在的 CentOS 7 系统，启动虚拟机。当使用非图形界面登录系统时(控制台登录)，需要输入登录的用户名和用户口令。注意：口令的输入是不回显在屏幕上，只有正确输入口令后才能登录系统，如图 2-4 所示。

如果使用伪终端，如使用 putty 类的软件登录，其和控制台登录的效果类似，如图 2-5 所示。

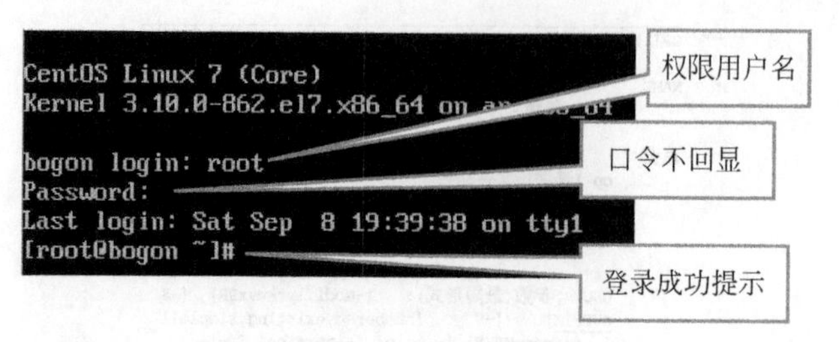

图 2-4　输入用户名和口令界面

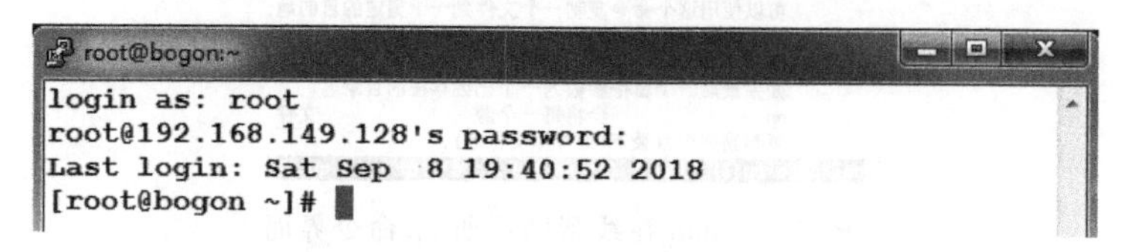

图 2-5　使用 putty 类软件登录系统

2.4.2　练习完成以下操作

(1) 打印当前工作目录。

(2) 改变当前目录到/home。

(3) 在当前目录中创建数个子目录 bin,doc,prog,junkDir,junkDir2 等。

(4) 删除目录 junkDir,junkDir2。

(5) 在目录/root 下创建文件 myfile.txt。

(6) 复制文件 myfile.txt 到目录/home 下。

(7) 删除/root 下的文件 myfile.txt。

(8) 浏览目录/etc 下的所有文件信息(包括文件名、大小、创建日期等)。

(9) 显示文件/etc/inittab 中的内容信息。

(10) 练习 systemctl 命令修改系统启动目标的操作。

① 查看当前默认的启动目标。

② 如果当前的启动目标是字符界面,就将其修改为图形界面;否则修改为字符界面。

③ 将默认启动目标修改为图形界面。

2.4.3　注销系统与关机

退出 Linux 或关闭系统有多种方式,练习使用下面的方式实现相应的功能。

(1) shutdown:以一种安全的方式关闭系统。

(2) halt:相当于 shutdown-h,关闭系统,但不关闭电源。

(3) systemd,init:Linux 系统会启动进程服务管理器,完成相应的操作。

init 的用法在帮助手册页中的定义如下所述。

```
init [OPTIONS...] {COMMAND},COMMAND 有
  0            Power - off the machine
  6            Reboot the machine
  2, 3, 4, 5   Start runlevelX.target unit
```

```
1, s, S          Enter rescue mode
q, Q             Reload init daemon configuration
u, U             Reexecute init daemon
```

注意，在 CentOS 7 中，虽然 init 命令还可以用，但已经被 systemd 替代了。

(4) telinit：改变 SysV 的运行级别，类似于 init 的用法。

(5) poweroff：关闭系统，关闭电源。

(6) reboot：系统重启。

(7) logout、exit：退出登录 shell。

2.5 思考与练习

(1) 针对 Linux 系统启动运行，有哪些运行目标？每个运行目标的含义是什么？

(2) Linux 有几种关机方法，每种关机操作方法有何异同？

第3章 Linux的权限用户(组)管理基本操作

3.1 实验目的

掌握使用命令创建和修改权限用户(组)属性信息的方法。

3.2 实验环境

一台已安装好VMware软件的主机,虚拟机系统为CentOS 7。

3.3 预备知识

3.3.1 与权限用户(组)管理相关的文件

与权限用户(组)管理相关的文件有/etc/passwd、/etc/shadow、/etc/group、/etc/gshadow、/etc/login.defs、/etc/default/useradd等,用于对权限用户设置和登录项目进行控制。

(1) /etc/passwd是一个文本文件,它包含一个系统账户列表,给出每个账户一些有用的信息,例如用户ID、组ID、家目录、shell等,每一行包含一条记录。

(2) /etc/shadow是影子化了的密码文件,它包含系统账户的密码信息和可选的年龄信息。此文件的每行包括9个字段,使用半角冒号(":")分隔。此文件的组成信息及顺序如下:

登录名:加密了的密码:最后一次更改密码的日期:密码的最小年龄:最大密码年龄:密码警告时间段:密码禁用期:账户过期日期:保留字段。

(3) /etc/group是一个ASCII码的文件,它定义了权限用户所属的组。文件中每行包括一条记录。其格式如下:

```
group_name:passwd:GID:user_list
```

其中,passwd为(加密的)组密码,若该字段为空,则不需要密码。组内所有成员的用户名,以半角逗号分隔。

(4) /etc/gshadow是影子化了的组文件,包含组账户信息,类似于shadow文件。

(5) /etc/login.defs是针对影子密码的配置文件(与影子密码配套使用)。

(6) /etc/default/useradd 是 useradd 命令默认参数的配置文件。

上述文件不建议手动修改,可以通过使用下面的命令达到修改相应文件的目的,以实现账户的管理。

3.3.2 权限用户管理命令

权限用户管理的命令主要有 useradd、userdel 和 usermod 3 个。它们分别用于权限用户的建立、权限用户的删除和权限用户属性的修改。另外,还有一个命令 su 用于运行替换权限用户和组标识、替换 shell 等操作。

1. useradd

功能:创建一个新权限用户或更新默认新权限用户信息。

语法:useradd [选项] 登录
　　　useradd -D
　　　useradd -D [选项]

useradd 的常用选项及说明如表 3-1 所示。

表 3-1 useradd 的常用选项及说明

常 用 选 项	选 项 说 明
-b,--base-dir BASE_DIR	新账户的主目录的基目录
-d,--home-dir HOME_DIR	新账户的主目录
-D,--defaults	显示或更改默认的 useradd 配置
-e,--expiredate EXPIRE_DATE	新账户的过期日期
-f,--inactive INACTIVE	新账户的密码不活动期
-g,--gid GROUP	新账户主组的名称或 ID
-G,--groups GROUPS	新账户的附加组列表
-o,--non-unique	允许使用重复的 UID 创建权限用户
-s,--shell SHELL	新账户的登录 shell
-u,--uid UID	新账户的用户 ID
-U,--user-group	创建与权限用户同名的组

注意,用户名不能超过 32 个字符长。

2. userdel

功能:删除权限用户账户和相关文件。

语法:userdel [选项] 登录

userdel 的常用选项及说明如表 3-2 所示。

表 3-2 userdel 的常用选项及说明

常 用 选 项	选项说明
-f,--force	强制删除权限用户账户,甚至权限用户仍然在登录状态。注意:此选项危险,可能会破坏系统的稳定性
-r,--remove	删除主目录和邮件池

3. usermod

功能:修改一个权限用户账户信息。

语法：usermod [选项] 登录

usermod 的常用选项及说明如表 3-3 所示。

表 3-3 usermod 的常用选项及说明

常用选项	说明
-d,--home HOME_DIR	权限用户的新主目录
-e,--expiredate EXPIRE_DATE	设定账户过期的日期为 EXPIRE_DATE
-f,--inactive INACTIVE	过期 INACTIVE 天数后，设定密码为失效状态
-g,--gid GROUP	强制使用 GROUP 为新主组
-G,--groups GROUPS	新的附加组列表 GROUPS
-a,--append GROUP	将权限用户追加至上边-G 中提到的附加组中，并不从其他组中删除此权限用户
-l,--login LOGIN	新的登录名称
-L,--lock	锁定权限用户账号
-m,--move-home	将目录内容移至新位置(仅与-d 一起使用)
-o,--non-unique	允许使用重复的(非唯一的)UID
-p,--password PASSWORD	将加密过的密码(PASSWORD)设为新密码
-s,--shell SHELL	该权限用户账号的新登录 shell
-u,--uid UID	权限用户账号的新 UID
-U,--unlock	解锁权限用户账号

注意，如果要更改权限用户的 ID、用户名或主目录，需要确保在执行命令时，权限用户没有运行任何进程。

4. su

功能：用于将当前权限用户修改为有效权限用户的标识(即实现用户切换的功能)。

语法：su [OPTION]... [-] [USER [ARG]...]

su 的常用选项及说明如表 3-4 所示。

表 3-4 su 的常用选项及说明

常用选项	选项说明
单个-视为-l	如果未指定 USER，将假定为 root
-m, -p,--preserve-environment	不重置环境变量
-g,--group <组>	指定主组
-G,--supp-group <组>	指定一个辅助组
-c,--command <命令>	使用-c 向 shell 传递一条命令
-s,--shell < shell >	若/etc/shells 允许，则运行 shell

3.3.3 权限用户组管理命令

权限用户组管理命令主要有 groupadd、groupdel 和 groupmod 等，分别用于组的创建、组的删除和组的属性修改。

1. groupadd

功能：创建一个新组。

语法：groupadd [选项] 组

groupadd 的常用选项及说明如表 3-5 所示。

表 3-5　groupadd 的常用选项及说明

常用选项	选项说明
-f,--force	如果组已经存在则退出,如果 GID 已经存在则取消-g
-g,--gid GID	为新组使用 GID
-K,--key KEY=VALUE	不使用/etc/login.defs 中的默认值
-o,--non-unique	允许创建有重复 GID 的组

组名最长为 32 个字符。

2. groupdel

功能：删除一个组。

语法：groupdel [选项] GROUP

注意,在使用此选项删除一个组时,不能移除现有权限用户的主组。在移除此组之前,必须先移除此用户,再手动检查所有文件系统,以确保没有遗留的属于此组的文件。

3. groupmod

功能：修改组的属性信息。

语法：groupmod [选项] 组

groupmod 的常用选项及说明如表 3-6 所示。

表 3-6　groupmod 的常用选项及说明

常用选项	选项说明
-g,--gid GID	将组 ID 改为 GID
-n,--new-name NEW_GROUP	改名为 NEW_GROUP
-o,--non-unique	允许使用重复的 GID

3.3.4　密码管理命令

密码管理的命令包括 passwd 和 chage 两个。其中,passwd 用于修改权限用户的密码;chage 用于更改权限用户密码过期的信息(使用的天数)。

1. passwd

功能：更新权限用户的口令。

语法：passwd [选项...] <账号名称>

passwd 的常用选项及说明如表 3-7 所示。

表 3-7　passwd 的常用选项及说明

常用选项	选项说明
-k,--keep-tokens	保持身份验证令牌不过期
-d,--delete	删除已命名账号的密码(仅限 root 用户)
-l,--lock	锁定指名账户的密码(仅限 root 用户)
-u,--unlock	解锁指名账户的密码(仅限 root 用户)

续表

常用选项	选项说明
-e,--expire	终止指名账户的密码(仅限 root 用户)
-f,--force	强制执行操作
-x,--maximum=DAYS	密码的最长有效时限(仅限 root 用户)
-n,--minimum=DAYS	密码的最短有效时限(仅限 root 用户)
-w,--warning=DAYS	在密码过期前多少天开始提醒用户(仅限 root 用户)
-i,--inactive=DAYS	当密码过期后经过多少天该账号会被禁用(仅限 root 用户)
-S,--status	报告已命名账号的密码状态(仅限 root 用户)
--stdin	从标准输入读取令牌(仅限 root 用户)

2. chage

功能：更改权限用户密码过期的信息。

语法：chage [选项] 登录

chage 的主要选项如表 3-8 所示。

表 3-8 chage 的主要选项及说明

主要选项	选项说明
-d,--lastday 最近日期	将最近一次密码设置时间设为"最近日期"
-E,--expiredate 过期日期	将账户过期时间设为"过期日期"
-I,--inactive INACITVE	过期 INACTIVE 天数后,设定密码为失效状态
-l,--list	显示账户年龄信息
-m,--mindays 最小天数	将两次改变密码之间相距的最小天数设为"最小天数"
-M,--maxdays 最大天数	将两次改变密码之间相距的最大天数设为"最大天数"
-W,--warndays 警告天数	将过期警告天数设为"警告天数"

注意,如果没有选择任何选项,chage 会进入交互模式,并以所有字段的当前值提示用户。输入一个新值可以更改这些字段,或者留空使用当前值(当前值出现在[ ]标记对中)。只有 root 才可以使用 chage。-l 选项是一个特殊情况,它用来让非特权用户知道自己的密码或账户何时过期。

3.4 实验步骤

3.4.1 权限用户创建和管理

(1) 在控制台上用 root 用户登录系统,并切换到字符界面(如果已经是字符界面,就可忽略本操作)。命令如下:

```
[root@localhost ~]# systemctl isolate multi-user.target,
```

或

```
[root@localhost ~]# init 3
```

(2) 创建用户组 wlx:新建两个普通用户 st01、st02,并加入用户组 wlx;使用命令

passwd 给新用户 st01 和 st02 设置密码。

输入如下命令新建用户组：

```
# groupadd wlx
```

输入如下命令新建一个用户 st01，将用户加入到用户组 wlx：

```
# useradd -g wlx st01
```

输入如下命令给 st01 设置密码：

```
#passwd st01
```

按照创建 st01 的方法创建另一个用户 st02。

输入命令 exit 或 logout 退出登录。

(3) 在虚拟控制台 tty1 上用 st01 登录，练习命令 pwd、whoami、who。

(4) 在虚拟控制台 tty2 上用 st02 登录，练习命令 pwd、whoami、who。

说明：切换虚拟控制台的方法：同时按 Alt+F[1~6]组合键，如切换到虚拟控制台 tty1，则按 Alt+F1 组合键；切换到虚拟控制台 tty2，则按 Alt+F2 组合键，以此类推，等等。

3.4.2 练习完成以下操作

(1) 练习以下命令 man、clear、cal、date 的使用。

① 查看 man 手册页的使用方法。

② 将当前屏幕清屏。

③ 打印今年的日历。

④ 显示系统时间，如果和当前时间不一致，请修改时间。

(2) 通过查看文件/root/anaconda-ks.cfg，练习 more、less、wc 命令的使用。

(3) 查看以下文件的内容，找出在本章 3.4.1 小节中添加的账户信息。

```
/etc/passwd
/etc/shadow
/etc/group
```

3.5 思考与练习

more、less、cat、wc 命令有什么区别？

第4章 vi文本编辑器的使用

4.1 实验目的

掌握 vi/vim 编辑器的使用方法。

4.2 实验环境

一台已安装好 VMware 软件的主机，虚拟机系统为 CentOS 7。

4.3 预备知识

vi 是 UNIX 系统中历史悠久的文本编辑器，具有创建文本文件的巨大灵活性。vi 中的操作有命令模式、插入模式、底端命令行模式三类。vim 是 vi 的增强版本，在编辑源程序时可以用颜色来识别关键字，因此 vim 多作为程序编辑器使用。

1. 命令模式

当输入命令 vi 时，即进入 vi 文本编辑器，就处于 vi 的命令模式。命令模式由按键命令序列组成，以完成某些特定动作。

(1) 控制屏幕光标的移动。在命令模式下，除可以通过方向键每次一个字符或每次一行字符地移动光标外，还可输入以下命令来完成光标的快速移动，如表 4-1 所示。

表 4-1　在输入命令模式下的光标移动命令

命　令	动　作
G	将光标移动到文件末行行首
nG	将光标移动到 *n* 行行首
0(数字 0)	将光标移动到当前行首个字符
$	将光标移动到当前行最后一个字符
n＋	光标下移 *n* 行
n－	光标上移 *n* 行
w	将光标每次前移一字
b	将光标每次倒退一字
h,j,k,l	分别用于将光标左移、下移、上移、右移一个字符
H	将光标移到当前屏幕首行的行首(即左上角)
M	将光标移到当前屏幕中间行的行首
L	将光标移到当前屏幕底行的行首
Ctrl＋g	以行列号形式在底端报告光标位置

（2）字符、字或行的删除，文本的修改和文本编辑任务。在输入命令模式下快速修改文本的操作键如表 4-2 所示。

表 4-2　在输入命令模式下快速修改文本的修改命令

命　令	动　作
rc	用字符 c 替换当前光标所指向的字符
nrc	用字符 c 替换当前光标所指向的字符向右的 *n* 个字符
x	删除光标处的字符
nx	删除光标所在位置开始的向右的 *n* 个字符
dw	删除一个单词，若光标处在某个词的中间，则从光标所在位置开始删至词尾并连同空格一起
ndw	删除 *n* 个单词，若光标处在某个词的中间，则从光标所在位置开始删至词尾并连同空格一起
db	删除光标所在位置之前的一个词
ndb	删除光标所在位置之前的 *n* 个词
dd	删除光标所在的整行
ndd	删除当前行及其后 *n*－1 行的内容
dG	删除光标所在位置到最后一行的所有内容
d1G	删除光标所在位置到第一行的所有内容
d$	删除光标所在位置到当前行的末尾的内容
d0	删除光标所在位置到当前行的开始的内容
u	恢复修改或删除的内容
Ctrl＋r	撤销恢复修改或删除的内容

（3）移动复制某区段的文本。在输入命令模式下实现复制、粘贴的操作键如表 4-3 所示。

表 4-3　在输入命令模式下实现复制、粘贴文本

命　令	动　作
yy	将当前行的内容复制到缓冲区
nyy	将当前开始的 *n* 行内容复制到缓冲区
yG	将当前光标所在行到最后一行的所有内容复制到缓冲区
y1G	将当前光标所在行到第一行的所有内容复制到缓冲区
y$	将当前光标所在位置到当前行的末尾的内容复制到缓冲区
y0	将当前光标所在位置到当前行的开始的内容复制到缓冲区
p	将缓冲区内容写出到当前光标所在的位置

（4）字符串的检索。在输入命令模式下实现字符串检索的操作键如表 4-4 所示。

表 4-4　在输入命令模式下实现字符串检索的命令

命　令	动　作
/str	往右移动到有 str 的地方
?str	往左移动到有 str 的地方
n	向相同的方向移动到有 str 的地方
N	向相反的方向移动到有 str 的地方

2. 插入模式

插入模式允许输入文本。从命令模式进入插入模式，可以使用如表 4-5 所示的一些重要按键。

表 4-5　进入插入模式的操作命令

命　令	命　令
a	在光标所在字符后添加文本
A	在当前光标行最后一个字符后添加文本
i	在光标所在字符前插入文本
I	在光标当前行开头插入文本
o	在当前行下方打开一空行并将光标置于该空行行首
O	在当前行上方打开一空行并将光标置于该空行行首
R	开始覆盖文本操作
s	替换单个字符
S	替换整行

3. 底端命令行模式

从命令模式进入底端命令行模式，需要在命令方式下输入一个冒号(：)。底端命令行模式可以对文本进行字符串搜索与替换，执行保存文档等操作。表 4-6 所示的是底端命令行模式下执行字符串搜索与替换的命令及说明。

表 4-6　字符串搜索与替换操作的命令及说明

命　令	说　明
：/str/	从当前光标开始往右移动到有 str 的地方
：?str?	从当前光标开始往左移动到有 str 的地方
：/str/w file	将包含有 str 的首次行写到文件 file 中
：/str1/,/str2/w file	将从 str1 开始到 str2 结束的内容写入 file 文件中
：s/str1/str2/	将找到的第 1 个 str1 替换为 str2
：s/str1/str2/g	将当前行中找到的所有 str1 替换为 str2
：n1,n2s/str1/str2/g	将从 n1 行到 n2 行找到的所有 str1 替换为 str2
：1,.s/str1/str2/g	将第 1 行到当前位置的所有 str1 替换为 str2
：.,$s/str1/str2/g	将当前位置到结尾的所有 str1 替换为 str2
：1,$s/str1/str2/gc	将第 1 行到结尾的所有 str1 替换为 str2，替换前询问

表 4-7 所示的是在底端命令行下执行保存、shell 等命令的操作。

表 4-7　执行保存、shell 操作的命令及说明

命　令	说　明
：r filename	读取 filename 文件中的内容并将其插入在当前光标位置
：q!	放弃缓冲区内容，并退出 vi
：wq	保存缓冲区内容，并退出 vi
：w filename	将当前缓冲区内容保存到 filename 文件中
：w! filename	用当前文本覆盖 filename 文件中的内容
：! cmd	在不退出 vi 的情况下执行 shell 命令：cmd
：r ! cmd	在不退出 vi 的情况下执行 shell 命令：cmd，并将 cmd 的输出内容插入到当前文本中

4.4 实验步骤

（1）使用 vi 打开一个新文档，输入以下两段内容。

Linux is an operating system that was initially created as a hobby by a young student, Linus Torvalds, at the University of Helsinki in Finland. Linus had an interest in Minix, a small UNIX system, and decided to develop a system that exceeded the Minix standards.

The kernel, at the heart of all Linux systems, is developed and released under the GNU General Public License and its source code is freely available to everyone. It is this kernel that forms the base around which a Linux operating system is developed.

（2）根据以上输入的内容，练习完成下面的操作。

① 发出命令显示行号。

② 保存到文件 AboutLinux，并不退出。

③ 删除一句"It is this kernel that forms the base around which a Linux operating system is developed."。

④ 查找单词 Finland。

⑤ 把第一段的 Finland 单词后的内容换行，使其变成三段内容。

⑥ 将第二段的内容复制到文档的最后。

⑦ 删除第三段的内容。

⑧ 恢复练习③中被删除的一句话。

⑨ 查找所有的 Minix 单词，并将其全部改为 MINIX。

⑩ 不保存修改，退出 vi。

⑪ 使用 vi 再次打开文件 AboutLinux，在第二段后插入"He began his work in 1991 when he released version 0.02 and worked steadily until 1994 when version 1.0 of the Linux Kernel was released."。

⑫ 保存并退出 vi。

4.5 思考与练习

vi 文本编辑器有哪几种模式？各模式之间转换的命令（方式）是什么？

第三部分 文件管理

文件管理是操作系统的一项重要功能。由于内存容量有限，且不能长期保存，因此操作系统使用外存来存储计算机系统需要的信息。文件系统是操作系统中负责存取和管理信息的模块，为用户提供一整套有效的文件使用和操作方法。Linux 的文件系统比较复杂，它通过上层的 VFS 与用户交互，向下与各种不同格式的磁盘文件系统相匹配。

本部分主要通过文件(目录)常用操作命令，了解 Linux 文件系统的结构及特点，掌握文件和目录访问权限设置方法；通过 inode 的查看，理解文件类型和属性概念；通过命令创建文件系统并实现文件系统的挂载、卸载等操作。

第 5 章 Linux 文件(目录)访问权限

5.1 实验目的

(1) 理解 Linux 系统中文件、目录、文件系统的概念和特点。

(2) 掌握 Linux 系统中常用文件的操作命令的使用方法。

(3) 掌握 Linux 文件和目录的访问权限设置的方法。

5.2 实验环境

一台已安装好 VMware 软件的主机，虚拟机系统为 CentOS 7。

5.3 预备知识

5.3.1 Linux 文件系统

Linux 文件系统采用带链接的树形结构，即只有一个根目录(通常用“/”表示)，根目录中含有下级子目录或文件的信息；子目录中又可含有下级的子目录或文件的信息，……这样一层一层地延伸下去，构成一棵倒置的树，如图 5-1 所示。

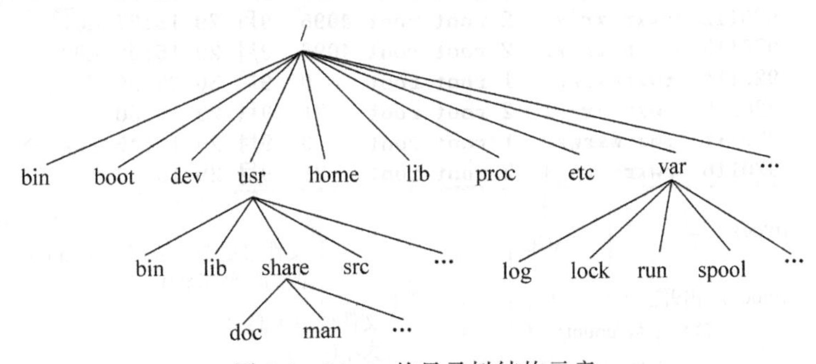

图 5-1 Linux 的目录树结构示意

在 Linux 系统中，在用 ls 命令查看文件时，文件名颜色不同，代表文件类型也不一样，如图 5-2 所示。可以用“dircolors -p”命令查看默认的颜色设置，包括各种颜色、粗体、下画线和闪烁等的定义(配置文件为/etc/DIR_COLORS)。通常，蓝色表示目录；绿色表示可执行文件；红色表示压缩文件；浅蓝色表示超链接文件；灰色表示其他文件；红色闪烁表示链接的文件有问题。

```
filesystems          nsswitch.conf.bak              sysctl.conf
firewalld            oci-register-machine.conf      sysctl.d
fstab                oci-umount                     systemd
fuse.conf            oci-umount.conf                system-release
gcrypt               openldap                       system-release-cpe
gdbinit              opt                            tcsd.conf
gdbinit.d            os-release                     terminfo
GeoIP.conf           pam.d                          tmpfiles.d
GeoIP.conf.default   passwd                         tuned
gnupg                passwd-                        udev
GREP_COLORS          pkcs11                         vconsole.conf
groff                pki                            vimrc
group                plymouth                       virc
group-               pm                             vmware-tools
grub2.cfg            polkit-1                       wpa_supplicant
grub.d               popt.d                         X11
gshadow              postfix                        xdg
gshadow-             ppp                            xinetd.d
gss                  prelink.conf.d                 yum
host.conf            printcap                       yum.conf
hostname             profile                        yum.repos.d
hosts                profile.d
hosts.allow          protocols
```

图 5-2　文件查看显示示意

5.3.2　Linux 文件属性

在文件管理中,操作系统会给文件设置各种属性信息,因为在 Linux 系统内部,文件系统对文件的管理是通过对文件的属性信息的管理来完成的。使用命令 ls -l 可以查看文件属性信息,如图 5-3 所示。

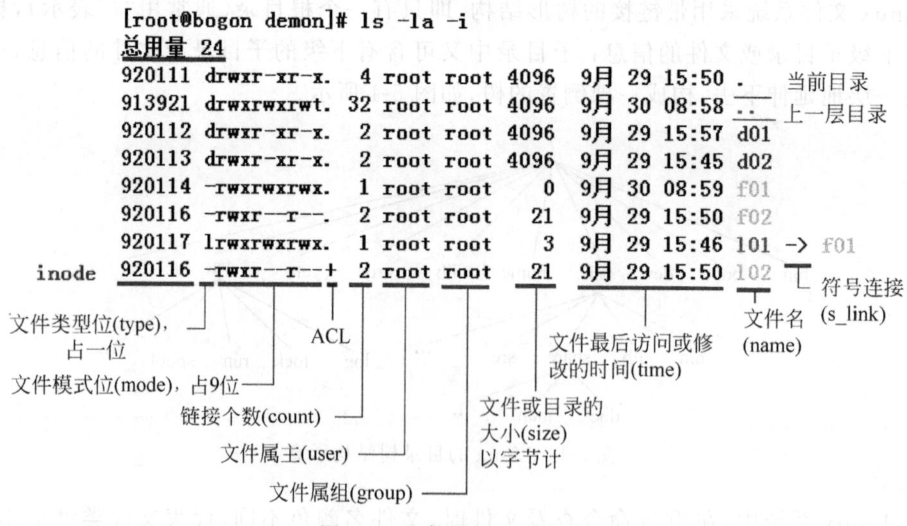

图 5-3　文件属性查看示意

1. 文件命名规则

在 Linux 系统中，每一个文件或目录的文件名最长可以达到 255 个字符(127 个中文字符)，若加上完整路径时，则最长可达到 4096 个字符。命名有如下规则：

(1) 大小写敏感。

(2) 通常文件名使用的字符包括：字母、数字、“.”(点)、“_”(下画线)和“-”(连字符)。

(3) 除了“/”之外，所有的字符都合法。

(4) 避免使用加号、减号或者点“.”作为普通文件的第一个字符。文件名开头为点时，表示该文件为隐藏文件。

(5) 避免使用 * ? > < ; & ! [ ] | \ ' " ` ( ) { }等符号，因其在文件处理时具有特殊的意义，如：

① * 表示匹配 0 个或多个任意字符。

② ? 表示匹配任意一个字符。

③ [ ]表示匹配任何包含在括号里的单个字符，如 file1.txt、file2.txt。若要删除 file1 和 file2，则可以写为 rm file[12].txt。

2. Linux 常用文件类型

Linux 的常用文件类型如表 5-1 所示。

表 5-1 Linux 的常用文件类型

文件类型	标志	说明
普通文件	—	纯文本文档(ASCII 码)、二进制文件(binary)、数据格式文件(data)
目录文件	d	在 Linux 中目录是一个比较特殊的文件
符号链接文件	l	符号链接(软链接)，可以创建跨不同文件系统的链接
硬链接文件	—	只能面向同一文件系统的链接文件

除了以上几种类型文件外，还有字符设备文件(c)、块设备文件(b)、套接字文件(s)和命名管道文件(p)。

3. 文件的保护属性

Linux 采用存取控制表(Access Control Lists，ACL)机制，可把用户和文件的关系定为以下 3 类。

(1) 第一类是文件所有者(文件主)，即创建文件的人。

(2) 第二类是同组用户，即几个有某些共同关系的用户组成的集合。

(3) 第三类是其他用户。

Linux 把文件权限也分为以下 3 类。

(1) 第一类是可读，用 r 表示。

(2) 第二类是可写，用 w 表示。

(3) 第三类是可执行，用 x 表示。

用户和文件权限的方式如图 5-4 所示。图 5-4 所示的详细解释描述如表 5-2 所示。

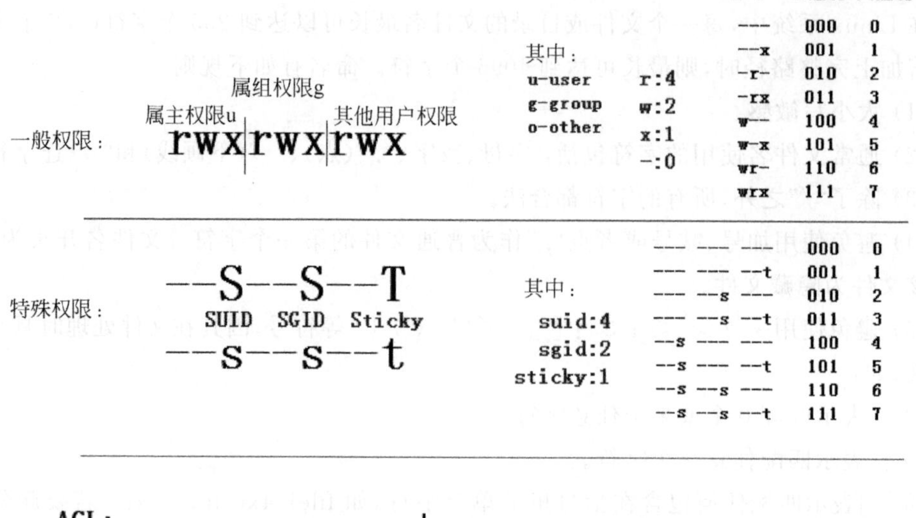

ACL: ———————————+

图 5-4　用户和文件权限示意

表 5-2　文件权限描述信息表

类型	权　限	说　明
一般权限	r(Read,读取)	对文件而言,具有读取文件内容的权限；对目录来说,具有浏览目录的权限
	w(Write,写入)	对文件而言,具有新增、修改文件内容的权限；对目录来说,具有删除、移动目录内文件的权限
	x(eXecute,执行)	对文件而言,具有执行文件的权限；对目录来说,具有进入目录的权限
特殊权限	s 或 S(SUID,Set UID)	用于可执行文件的设置。任何用户在执行该文件时,将获得该文件属组的身份
	s 或 S(SGID,Set GID)	用于可执行文件的设置。任何用户在执行该文件时,将获得该文件属组的身份
	t 或 T(Sticky,粘贴位)	通常对目录权限设置而言,一个目录开启了粘着位,在其目录下用户只能管理自己的目录/文件,而不能删除其他用户的文件
ACL	访问控制列表	是 Linux 系统权限额外支持的一项功能,需要文件系统的支持(查看命令 # mount)。主要是针对单一用户、单一文件或目录进行 rwx 权限的额外设定

5.3.3　常用文件操作命令

表 5-3 所示的是文件或者目录操作中常用的一些命令及其说明,希望读者能够熟记并掌握其使用。

表 5-3　常用文件操作命令一览表

命令	说　明
ls 或 dir	ls 和 dir 使用相同，只是 dir 显示的信息没有颜色区分。列举目录下所有的文件及其详情
cd	change directory：cd [目的目录]，如：# cd /tmp/demon 进入目录/tmp/demon
touch	touch[-acm][文件名]，改变文件的时间戳，或者新建一个不存在的文件
pwd	print working directory，直接输入命令查看工作目录的绝对路径
mkdir	mkdir [-p][-m <目录属性>][目录名称]，创建一个或多个目录
rm	rm[-dfirv][文件或目录…]，删除文件或目录
rmdir	rmdir[-p][目录...]，删除一个或多个空目录
vi	vi 文本编辑器
echo	echo[-ne][字符串]，在终端显示信息
cp	cp[选项][源文件][目标文件]，复制文件
mv	mv[选项][源文件][目标文件]，移动文件
find	find path expression，根据文件的属性进行查找，如文件名、文件大小、所有者、所属组、是否为空、访问时间、修改时间等。如 # find / -name 'f00 *'，在根目录下查找出文件开头名为 f00 的所有文件
ln	ln[选项][源文件][目标文件]，为源文件创建一个链接
cat	cat[选项列表][文件列表]…，连接文件并在标准输出上输出
more	more[选项][文件]，类似 cat，但可以进行前、后翻页显示，查找字符，如按空白键（space）就往下一页显示，按 b 键就会往上一页显示，输入"/"和字符在文中搜寻
less	less[选项][文件]，和 more 相似，但可以前后自由地移动阅读
chmod	chmod[选项][权限设置]文件或目录，改变文件的访问权限。 如：# chmod u=rwx,g=rx,o=r t001. txt 等同于 # chmod 754 t001. txt 设置文件权限为属组可以读写执行，属组用户可以读执行，而其他用户只能读。 # chmod 1754 t001. txt 设置文件粘贴位
chown	chown[参数][属主]：[组]文件或目录，修改文件所有者和组别。 如：# chown testor t001. txt，只改变文件的属主；# chown：test t001. txt，只改变属组 # chown testor：test t001. txt，同时改变属主与属组
chgrp	chgrp[参数][属组][文件或目录…]，改变文件的组所有权。 如：# chgrp test t001. txt，改变文件的属组
umask	umask[-p][-S][mode]，将用户创建文件的掩码设置为 mode。如果 mode 以数字开始，它被解释为一个八进制数；否则被解释为类似于 chmod 中接收的符号形式的模式掩码。如果忽略了 mode，那么将打印当前掩码值。选项-S 使得掩码以符号形式打印；默认输出是八进制数。如果给出了-p 选项，并且忽略了 mode，那么输出将是一种可以重用为输入的形式
getfacl	getfacl　[选项]文件或目录，得到文件的访问控制列表（ACL）
setfacl	setfacl[选项][权限]文件或目录，设置或删除 ACL 权限。如： # setfacl -m u：testor02：rw t001. txt，赋予用户 testor02 读写的权限； # setfacl -m g：test：rw t001. txt，赋予用户组 test 读写的权限； # setfacl -x u：testor02 t001. txt，删除用户 testor02 的 ACL 权限； # setfacl -b t001. txt，删除所有设定的 ACL 权限

5.4 实验步骤

5.4.1 查看和修改文件的权限

在/root 目录下，有一个文件 anaconda-ks.cfg(如果没有，可以自己创建)，使用 ls 的长格式命令可以查看其权限，使用 chmod 命令可以修改其权限。如表 5-4 所示为文件权限查看与修改操作命令，并完成表中空格的内容。

表 5-4 文件权限查看与修改操作命令

操作目的	文件拥有者	文件所属组	其他用户	操作命令
查看 anaconda-ks.cfg 的权限				
使用字符修改法将文件拥有者、文件所属组、其他用户均设置为可读、可写、可执行	rwx	rwx	rwx	
使用字符修改法将文件所属组去掉执行权限、其他用户去掉可写、可执行权限	rwx	rw-	r--	
使用数字的方式将文件拥有者设置为可读、可写、可执行，文件所属组、其他用户均无权限	rwx	---	---	
使用数字的方式将文件拥有者设置为可读、可写，文件所属组、其他用户均为可读	rw-	r--	r--	

5.4.2 用户和用户组权限设置测试

系统中有 group1 和 group2 两个组。其中，group1 中有普通用户 user1 和 user2；group2 组中有普通用户 user3；用户 user1 在自己的家目录中创建文件 a.txt。用户组、用户和文件之间的关系如表 5-5 所示。

表 5-5 用户、用户组及文件关系表

用户组	权限用户	文件
group1	user1，user2	/home/user1/a.txt，由用户 user1 创建
group2	user3	

操作步骤如下：

(1) 创建用户组 group1，group2。

参考命令：groupadd。

(2) 创建用户并将用户加入组中。

参考命令：useradd、passwd。

(3) 使用账户 user1 登录系统，在家目录/home/user1 中新建文件 a.txt，并编辑文件的内容(具体内容自定)。

参考命令：cd，ls，touch 或 vi。

(4) 修改用户家目录/home/user1 的权限，增加同组和其他人都可以读和执行的权限。

参考命令：chmod。

（5）用账号 user2、user3 分别登录系统，测试文件 a. txt 是否可读、可写。

参考命令：su，vi，cat。

（6）切换到账户 user1，改变文件 a. txt 权限，使用户 user2、user3 对文件 a. txt 有读写权限。

参考命令：chmod。

（7）用账号 user2，user3 分别登录系统，测试文件 a. txt 是否可读、可写。

参考命令：su，vi，cat。

（8）切换到 root 用户，修改文件 a. txt 的属主为 user2。

参考命令：chown。

5.5 思考与练习

Linux 系统中使用 chmod 命令改变指定文件访问权限的方式有哪些？

第6章 Linux 常用文件系统

6.1 实验目的

(1) 通过查看 Linux 文件系统的超级块理解文件系统的结构。
(2) 掌握 Linux 常用文件系统查看(操作)命令。

6.2 实验环境

一台已安装好 VMware 软件的主机,虚拟机系统为 CentOS 7,文件系统为默认的 xfs。

6.3 预备知识

6.3.1 硬盘参数

硬盘内部可划分为磁头(Heads)、柱面(Cylinder)和扇区(Sector)三个部分,如图 6-1 所示。

1. 磁头

每张磁片的正反两面各有一个磁头(Heads),一个磁头对应一张磁片的一个面。因此,用第几磁头就可以表示数据在哪个磁面。

2. 柱面

所有磁片中半径相同的同心磁道构成"柱面"(Cylinder),意思是这一系列的磁道垂直叠在一起,就形成一个柱面的形状。简单地理解,柱面就是磁道。

3. 扇区

将磁道划分为若干个小的区段,就是扇区(Sector)。虽然很小,但实际是一个扇子的形状,故称为扇区。传统硬盘中的每个扇区的容量为 512 字节。硬盘容量的计算公式为

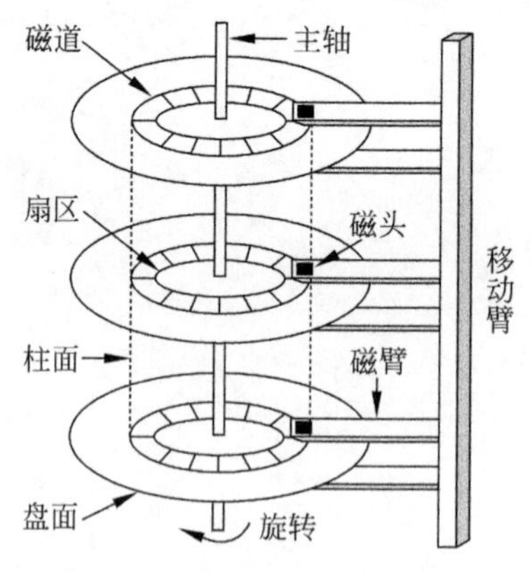

图 6-1 磁头、柱面、扇区示意

硬盘容量=磁头数×柱面数×扇区数×512 字节

6.3.2 Linux 常用文件系统

1. ext 文件系统

(1) ext1 是在 1992 年 4 月,为 Linux 核心所做的第一个文件系统。其采用 UNIX 文件系统(UFS)的元数据结构。是 Linux 上第一个利用虚拟文件系统实现的文件系统,在 Linux 核心 0.96c 版中首次加入支持,最大可支持 2GB 的文件系统。

(2) ext2 是于 1993 年 1 月加入 Linux 核心支持之中的。ext2 的经典实现为 Linux 内核中的 ext2fs 文件系统驱动,最大可支持 2TB 的文件系统,至 Linux 核心 2.6 版时,扩展到可支持 32TB 的文件系统。

(3) ext3 是于 2001 年 11 月(Linux 2.4.15)发布的。增加了日志功能,极大地提高了文件系统的完整性,避免了意外宕机对文件系统的破坏。

(4) ext4 是由 ext3 的维护者 Theodore Tso 领导的开发团队实现的,并引入到 Linux 2.6.19 内核中。2008 年 12 月 25 日,Linux Kernel 2.6.28 的正式版本发布。随着这一新内核的发布,ext4 文件系统也结束实验期,成为稳定版。

2. xfs 文件系统

xfs 是一种 64 位的高性能的日志文件系统。xfs 的开发始于 1993 年,在 1994 年被首次部署在 IRIX 5.3(Unix 系统)上。2000 年 5 月,xfs 在 GNU 通用公共许可证下发布,并被移植到 Linux 上。2001 年 xfs 首次被 Linux 发行版所支持,现在所有的 Linux 发行版上都可以使用 xfs。

xfs 文件系统的新特性主要包括可升级性和优秀的 I/O 性能。

(1) 可升级性。xfs 被设计成可升级的,以满足大多数的存储容量和 I/O 存储需求,xfs 可处理大型文件和包含巨大数量文件的大型目录,以满足 21 世纪快速增长的磁盘需求。xfs 有能力动态地为文件分配索引空间,使系统形成高效支持大数量文件的能力。在它的支持下,用户可使用的文件远远大于现在最大的文件系统。

(2) 优秀的 I/O 性能。典型的现代服务器使用大型的条带式磁盘阵列,以提供数 Gb/s 的总带宽。xfs 可以很好地满足 I/O 请求的大小和并发 I/O 请求的数量。xfs 可以在 NFS 服务器上使用,并支持软件磁盘阵列(RAID)和逻辑卷管理器(LVM)。

目前,在 RHEL 7/CentOS 7 上默认使用的是 xfs。

6.3.3 文件系统常用操作命令

表 6-1 所示的是一些常用文件系统的查看和操作命令。

表 6-1 常用文件系统的查看和操作命令

命　　令	说　　明
fdisk	fdisk[选项]-l <磁盘>,列出分区表。 fdisk -s <分区>,给出分区大小(块数)
blockdev	blockdev --report[设备],打印指定设备的报告。 blockdev[-v|-q]命令设备,打印或设置设备参数
df	df[选项]…[文件]…,显示文件系统的磁盘空间占用信息
du	du[选项]…[文件]…,显示指定的目录或文件所占用的磁盘空间

续表

命　　令	说　　明
stat	stat[选项]…文件…，打印信息节点(inode)内容
ln	有 4 种格式，为源文件创建链接。可参见 ln 的帮助手册页
xfs_growfs 或 xfs_info	xfs_growfs[选项]mountpoint，输出 xfs 文件系统信息
xfs_admin 或 xfs_db	xfs_admin -f　device，输出 xfs 文件系统超级块信息

6.3.4 xfs 文件系统的信息

xfs 是一个日志式文件系统，之所以把它作为预设的文件系统，是因为它原本就是被开发用于高容量磁盘以及高性能文件系统的，相当适合于现在的环境。此外，几乎所有 ext4 文件系统具有的功能，xfs 都具备。

xfs 文件系统在资料的分布上，主要规划为数据区（Data Section）、文件系统活动登录区（Log Section）和实时运作区（Realtime Section）三个部分。

1. 数据区

数据区（Data Section）基本上与之前的 ext 家族一样，包括 inode、block、superblock 等数据。数据区与 ext 家族的 block group 类似，分多个存储区群组（Allocation Groups）。每个存储区群组中都包含了整个文件系统的 superblock、剩余空间的管理机制、inode 的分配与追踪。此外，inode、block 都是系统需要用到时才会动态配置产生，所以格式化动作较 ext 家族快了很多。

2. 文件系统活动登录区

文件系统活动登录区（Log Section）主要被用来记录文件系统的变化。因为系统所有的动作都会在这个区域做记录，所以这个区域的磁盘活动是相当频繁的，xfs 的设计在这里有一个巧妙之处，你可以指定外部的磁盘来作为 xfs 文件系统的日志管理区块。例如，你可以将 SSD 磁盘作为 xfs 的文件系统活动登录区，这样当系统需要进行任何活动时，就可以更快速的工作。

3. 实时运作区

当有文件要建立时，xfs 会在实时运作区（Realtime Section）里找到一个到数个 extent 区块，并将文件放置在这个区块中，等到分配完毕后，再写入 data section 的 inode 和 block 块中。这个 extent 区块的大小需要在格式化时事先指定，最小值为 4KB，最大可到 1GB。一般非磁盘阵列的磁盘默认为 64KB 容量；而若在具有类似磁盘阵列的 stripe 情况下，则建议 extent 设定为与 stripe 一样大。另外，extent 最好不要随意修改，否则可能会影响到实体磁盘的效能。

4. xfs 文件系统的描述数据

使用命令 xfs_info 或 xfs_growfs 可以列出 xfs 文件系统的描述数据，显示效果如图 6-2 所示。图 6-2 所示中的一些参数解释如下：

(1) isize：inode 的大小，这里为 512Byte。

(2) agcount：存储区群组的个数，这里有 4 个。

(3) agsize：每个存储区群组里的 block 个数，这里为 19 200 个。

```
[root@localhost ~]# xfs_info /dev/sda1
meta-data=/dev/sda1              isize=512    agcount=4, agsize=19200 blks
         =                       sectsz=512   attr=2, projid32bit=1
         =                       crc=1        finobt=0 spinodes=0
data     =                       bsize=4096   blocks=76800, imaxpct=25
         =                       sunit=0      swidth=0 blks
naming   =version 2              bsize=4096   ascii-ci=0 ftype=1
log      =internal               bsize=4096   blocks=855, version=2
         =                       sectsz=512   sunit=0 blks, lazy-count=1
realtime =none                   extsz=4096   blocks=0, rtextents=0
[root@localhost ~]#
```

图 6-2　xfs 文件系统描述数据显示效果示意

(4) sectsz：逻辑扇区(sector)的容量，这里为 512B。

(5) bsize：每个 block 的容量，当前为 4096Byte(4KB)。

(6) blocks：共有 76800 个 block 在这个文件系统内。

(7) Internal：这个登录区的位置在文件系统内，而不是外部系统。占用了 4KB×855 空间。

(8) extsz：容量为 4096(4KB)，none 表示 realtime 区域目前没有使用。

6.3.5　AG 超级块信息

xfs 文件系统内部(数据区)被分为多个“分配组”(Allocation Group，AG)，它们是文件系统中的等长线性存储区。每个分配组各自管理自己的 inode 和剩余空间。在 CentOS 7 上默认的是创建 4 个 AG，如图 6-3 所示。每个 AG 都相当于是一个独立的文件系统，维护着自己的 free space 以及 inode。AG 超级块主要包括以下 3 个信息。

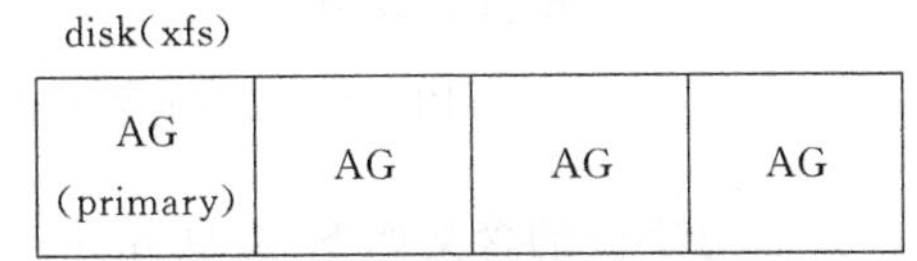

图 6-3　xfs 文件系统磁盘空间使用示意

(1) superblock：描述整个文件系统的信息。

superblock 是位于 AG 数据中的第一个 sector，它包含 AG 中的所有元数据信息。其中 7 个核心的元数据如下。

① sb_blocksize/sb_dblocks：文件系统中使用的 block 的大小，以及整个文件系统用于存放 data 和 metadata 的 block 个数。

② sb_sectsize：指定底层磁盘一个扇区的大小，这个值决定了在执行 I/O 操作时，数据的最小对齐粒度。

③ sb_agblocks/sb_agcount：文件系统中一个 AG 包含的 block 个数，以及整个文件系统 AG 的个数。

④ sb_inodesize/sb_inopblock：记录 inode 的大小以及每个 block 中包含 inode 的个数。

⑤ sb_logstart/sb_logblocks：如果使用同一块盘存放 xfs 文件的 journal，这两个值就用于表示存放 journal 的第一个 block 以及用于存放 log 的总 block 个数。

⑥ sb_icount/sb_ifree：文件系统中已经分配的 inode 个数以及剩余可用的 inode 个数，这个只在 Primary 的 Superblock 中维护。

⑦ sb_versionnum/sb_features2：filesystem 的 versionnumber，这是 bitmap 类型的一个变量。用于表示文件系统中包含的 features。如果其中包含 XFS_SB_VERSION_MOREBITSBIT 这个位，那么 sb_features2 中也会包含一些扩展的数据位。

（2）空闲空间管理。

（3）inode 的分配和记录管理。

使用命令 xfs_admin -f device 或 xfs_db -f device 均可显示超级块信息。图 6-4 所示的是使用命令 xfs_db 查看磁盘分区 sda1 超级块信息的示意图。下面略去了部分内容。

```
[root@localhost ~]# xfs_db -f /dev/sda1
xfs_db> sb 0
xfs_db> print
magicnum = 0x58465342
blocksize = 4096
dblocks = 76800
rblocks = 0
rextents = 0
uuid = efb8e48c-2d00-4a52-80a8-0b5774450a44
logstart = 65540
rootino = 64
rbmino = 65
rsumino = 66
rextsize = 1
agblocks = 19200
agcount = 4
rbmblocks = 0
logblocks = 855
versionnum = 0xb4b5
sectsize = 512
inodesize = 512
inopblock = 8
```

图 6-4　使用命令 xfs_db 查看磁盘分区 sda1 超级块信息示意

部分字段的含义如下(参见 man xfs_db 手册页)：

① magicnum：超级块魔数，0x58465342 表示“XFSB”。

② blocksize：文件系统块的大小，单位为字节(Byte)。

③ rootino：根节点号。

④ agblocks：文件系统块中 AG 包含块的个数。

⑤ agcount：AG 个数。

⑥ sectsize：扇区的大小，一般为 512Byte。

⑦ inodesize：inode 的大小，单位为 Byte。

⑧ inopblock：每个文件系统块中 inodes 的数目。

6.4　实验步骤

6.4.1　使用命令 ls 查看文件属性信息

命令 ls 的长格式可以读取文件的部分属性信息，如图 6-5 所示。

```
[root@localhost ~]# ls -l anaconda-ks.cfg
-rw-------. 1 root root 1418 9月   3 07:11 anaconda-ks.cfg
[root@localhost ~]# 
```

图 6-5　文件类型和访问权限示意

在图 6-5 中，文件 anaconda-ks.cfg 的标识是“-”，代表普通文件；访问权限是“rw-------”。

练习：使用命令 ls 查看/bin/ls、/dev/sda、/dev/tty、/dev/stdin 文件，完成表 6-2 中的内容。

表 6-2　文件属性信息表

文件标识	访问权限	文件对象
		/bin/ls
		/dev/sda
		/dev/tty
		/dev/stdin ->/proc/self/fd/0

问题：根据文件标识，分别说出这 4 个文件的类型。

6.4.2　使用命令 df 查看文件系统磁盘占用信息

命令 df 可显示所有文件系统对 i 节点和磁盘块的使用情况。例如：

图 6-6 所示的是不加任何选项显示的结果。

```
[root@localhost ~]# df
文件系统          1K-块     已用      可用 已用% 挂载点
/dev/sda2      14638080 1405580 13232500   10% /
devtmpfs         487984       0   487984    0% /dev
tmpfs            498976       0   498976    0% /dev/shm
tmpfs            498976    7768   491208    2% /run
tmpfs            498976       0   498976    0% /sys/fs/cgroup
/dev/sda1        303780  109120   194660   36% /boot
tmpfs             99796       0    99796    0% /run/user/0
[root@localhost ~]#
```

图 6-6　列出各文件系统的磁盘空间使用情况示意

还可以使用-h 选项以便于以阅读的方式显示，如图 6-7 所示。

```
[root@localhost ~]# df -h
文件系统         容量  已用  可用 已用% 挂载点
/dev/sda2         14G  1.4G   13G   10% /
devtmpfs         477M     0  477M    0% /dev
tmpfs            488M     0  488M    0% /dev/shm
tmpfs            488M  7.6M  480M    2% /run
tmpfs            488M     0  488M    0% /sys/fs/cgroup
/dev/sda1        297M  107M  191M   36% /boot
tmpfs             98M     0   98M    0% /run/user/0
[root@localhost ~]#
```

图 6-7　以便于阅读的方式显示文件系统磁盘空间使用情况示意

图 6-8 所示的是使用-i 选项列出各文件系统 i 节点的使用情况。

图 6-9 所示的是使用-T 选项列出各文件系统的类型。

练习：使用命令 df 以便于以阅读的方式查看文件系统磁盘空间的使用情况，完成表 6-3 中的内容(可以添加行)。

```
[root@localhost ~]# df -i
文件系统         Inode 已用(I) 可用(I) 已用(I)% 挂载点
/dev/sda2      7324160   32862 7291298       1% /
devtmpfs        121996     375  121621       1% /dev
tmpfs           124744       1  124743       1% /dev/shm
tmpfs           124744     701  124043       1% /run
tmpfs           124744      16  124728       1% /sys/fs/cgroup
/dev/sda1       153600     326  153274       1% /boot
tmpfs           124744       1  124743       1% /run/user/0
[root@localhost ~]#
```

图 6-8　列出各文件系统的 i 节点使用情况示意

```
[root@localhost ~]# df -T
文件系统       类型          1K-块    已用     可用 已用% 挂载点
/dev/sda2      xfs        14638080 1405584 13232496   10% /
devtmpfs       devtmpfs     487984       0   487984    0% /dev
tmpfs          tmpfs        498976       0   498976    0% /dev/shm
tmpfs          tmpfs        498976    7768   491208    2% /run
tmpfs          tmpfs        498976       0   498976    0% /sys/fs/cgroup
/dev/sda1      xfs          303780  109120   194660   36% /boot
tmpfs          tmpfs         99796       0    99796    0% /run/user/0
[root@localhost ~]#
```

图 6-9　列出文件系统的类型示意

表 6-3　文件系统磁盘空间使用情况表

文件系统	类型	容量	已用	可用	已用/%	挂载点

6.4.3　查看 xfs 文件系统的描述数据

练习：使用命令 xfs_info 或 xfs_growfs 查看 xfs 某个分区文件系统信息，完成表 6-4 中的内容。

表 6-4　查看 xfs 文件系统

挂载点		inode 的大小	
AG 组数		AG 组中块数	
扇区大小		块的大小	
文件系统内总块数		Log 的位置	
Log 占用磁盘空间			

练习：使用命令 xfs_admin 或 xfs_db 查看 xfs 文件系统超级块信息，完成表 6-5 中的内容。

表 6-5　查看超级块信息

魔数		uuid	
块大小		块的个数	
日志的第一个块		根节点号	
AG 的个数		AG 中块的个数	
inode 大小		每个块中包含节点个数	
已分配 inode 个数		剩余可用 inode 个数	

6.4.4　查看 inode 信息数据

使用命令 stat 查看文件/bin/ls 的 inode 信息，完成表 6-6 中的内容。

表 6-6　查看文件 inode 信息

inode 号		文件类型	
权限		磁盘块数	
链接数		文件大小	

6.5　思考与练习

硬链接文件和符号链接文件有什么区别？请用实验验证。

第7章 Linux文件系统的管理

7.1 实验目的

(1) 理解/etc/fstab 文件的作用。

(2) 掌握磁盘分区和文件系统的创建方法。

(3) 掌握 Linux 文件系统的挂载、卸载方法。

7.2 实验环境

一台已安装好 VMware 软件的主机，虚拟机系统为 CentOS 7。

7.3 预备知识

Linux 文件系统的管理主要包括对文件系统的创建、注册、注销、安装、卸载、查看、文件的基本操作等内容。

7.3.1 文件系统的创建

文件系统的创建主要包括磁盘的分区、格式化。常用命令如下：

① fdisk [-uc] [-b sectorsize] [-C cyls] [-H heads] [-S sects] device：创建基于 MBR 的分区；

② gdisk [-l] device：创建基于 GPT 的分区；

③ mkfs [-V] [-t fstype] [fs-options] filesys [blocks]：创建文件系统。

7.3.2 文件系统的注册和注销

当内核被编译时，就已经确定了可以支持哪些文件系统，这些文件系统在系统引导时，在 VFS 中进行注册。如果文件系统是作为内核可装载的模块，就在实际安装时进行注册，并在模块卸载时注销，如图 7-1 所示。

可以在目录/lib/modules/ $ (uname -r)/kernel/fs 中查看 Linux 系统支持的文件系统；还可以通过查看文件/proc/filesystems，查询当前系统内核已加载支持的文件系统。proc 文件系统是一个伪文件系统，它只存在内存当中，而不占用外存空间。它以文件系统的方式为访问系统内核数据的操作提供接口。用户和应用程序可以通过 proc 得到系统的

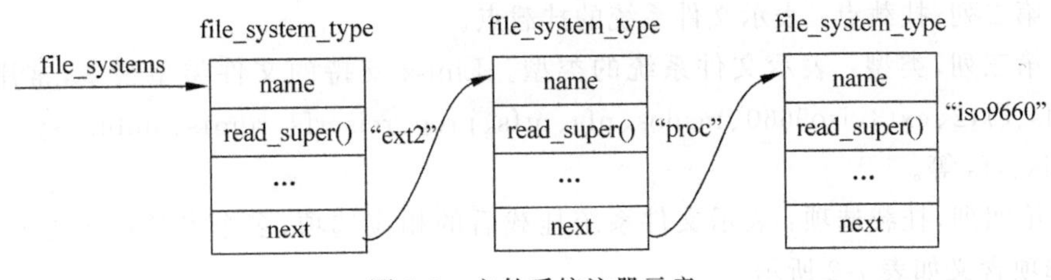

图 7-1　文件系统注册示意

信息，并可以改变内核的某些参数。由于系统的信息(如进程)是动态改变的，所以用户或应用程序在读取 proc 文件时，proc 文件系统是动态地从系统内核读出所需信息并提交的。

7.3.3　文件系统的安装与卸载

文件系统在使用前只注册是不行的，还需要安装文件系统。Linux 不是通过设备标识来访问某个文件系统，而是通过命令把它安装到文件系统树形目录结构的某个目录节点，安装后该文件系统的所有文件和子目录就是该目录节点的文件和子目录，直到用命令显式地卸载该文件系统。

1. 文件系统的安装

安装文件系统时需要文件系统的名称(类型)、分区(设备)名和安装(挂载)点三种信息。命令格式：

```
mount  [选项]  [<分区设备名>]  [<挂载点>]
```

例如，mount -t iso9660 /dev/cdrom /mnt/cdrom　　　　#挂载光盘文件

2. 文件系统的卸载

在关机时，系统会检测并注销所有已经安装的文件系统。使用命令 umount 也可以卸载一个文件系统(设备)。命令格式：

```
umount  <分区设备名或挂载点>
```

例如，# umount /mnt/cdrom　　　　#卸载光盘文件

注，如果文件系统中的文件当前正在使用，那么该文件系统是不能被卸载的。

3. fstab 文件

Linux 在启动过程中，会根据/etc/fstab 文件确定并自动安装文件系统，形成初始目录树。表 7-1 所示的是 fstab 文件的一个例子。

表 7-1　/etc/fstab 示例

设　备　名	挂载点	类型	挂载选项	dump	fsck
UUID=9f173e78-c60e-44e3-8894-51fadb75c012	/	xfs	defaults	0	0

[说明]

(1) 第一列，设备名：表示挂载的文件系统的设备名可以使用块设备形式，如/dev/sda1；也可以使用 UUID 或 LABEL，格式是 LABEL=< label >或 UUID=< uuid >。文件系统还可以是远程文件系统，如 NFS。具体使用方法请参见 man 帮助手册页。

(2) 第二列,挂载点：表示文件系统的挂载点。

(3) 第三列,类型：表示文件系统的类型。Linux支持的文件类型很多,常用的包括autofs、efs、ext2、ext3、iso9660、msdos、nfs、ntfs、proc、reiserfs、romfs、smbfs、sysv、tmpfs、vfat、xenix、xfs等。

(4) 第四列,挂载选项：表示文件系统挂载后的相应选项,多个参数可用逗号分隔开。常用的选项含义如表7-2所示。

表7-2 常用文件系统挂载选项表

选　项	含　义
ro	以只读模式加载该文件系统
rw	以读写模式加载该文件系统
sync	不对该设备的写操作进行缓冲处理,这可以防止在非正常关机情况下破坏文件系统,但是却降低了计算机速度
user	允许普通用户加载该文件系统
quota	强制在该文件系统上进行磁盘定额限制
noauto	不再使用mount -a命令(例如系统启动时)来加载该文件系统
owner	允许设备的拥有者加载该文件系统
nofail	加载文件失败不报告错误

对于大多数文件系统,只要使用defaults就可以满足需要。defaults表示rw、suid、dev、exec、auto、nouser和async选项。

(5) 第五列,dump：该选项被命令dump用来检查一个文件系统应该以多快频率进行转存。若不需要转存,则设置该字段为0。

(6) 第六列,fsck：该字段被命令fsck用来决定在启动时需要被扫描的文件系统的顺序,根文件系统对应该字段的值应该为1,其他文件系统应该为2。若该文件系统无须在启动时扫描,则设置该字段值为0。

7.4 实验步骤

7.4.1 查看文件系统的安装情况

使用命令查看文件/etc/fstab,完成表7-3中的内容。根据实际情况,可以添加行记录。

表7-3 主机文件fstab中内容

设备分区	挂载点	文件系统类型
UUID=9f173e78-c60e-44e3-8894-51fadb75c012	/	xfs

7.4.2 文件系统的创建及使用

1. 文件系统的创建

文件系统的创建主要包括磁盘的分区和格式化操作。

(1) 添加硬盘。为了完成本实验，建议在虚拟机中新添加一块硬盘，分区、格式化、挂载、卸载等操作都在这个新硬盘上进行。在 VMware 中给虚拟机添加一块硬盘(例如，磁盘空间为 1GB)的操作步骤如下：

第一步，选择"虚拟机"→"设置"选项，弹出"虚拟机设置"对话框。在"虚拟机设置"对话框中单击"添加"按钮，进入"添加硬件向导"对话框，在"硬件类型"下选择"硬盘"选项，然后单击"下一步"按钮，如图 7-2 所示。

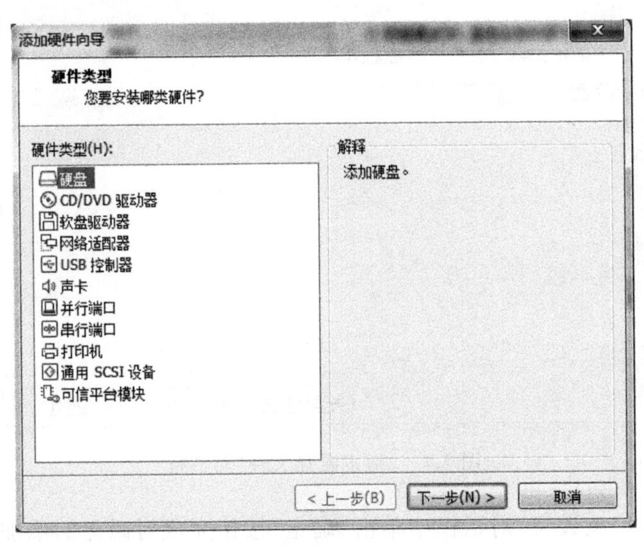

图 7-2 "添加硬件向导"对话框

第二步，在"选择磁盘类型"中，使用默认选择 SCSI 类型，单击"下一步"按钮。

第三步，在"选择磁盘"中，使用默认选择"创建新虚拟磁盘"选项，单击"下一步"按钮。

第四步，在"指定磁盘容量"对话框中，指定磁盘的大小，例如为 1GB，可以选择立即分配所有磁盘空间，并将虚拟磁盘存储为单个文件，单击"下一步"按钮，如图 7-3 所示。

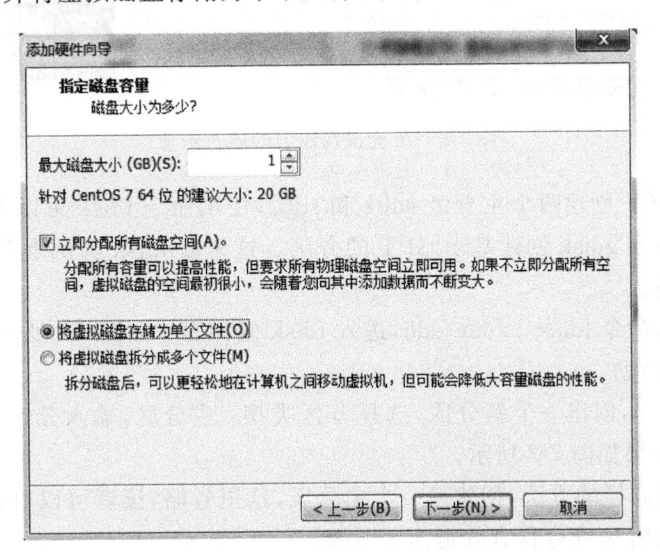

图 7-3 "指定磁盘容量"对话框

第五步，在“指定磁盘文件”对话框中，可以为磁盘文件指定一个名称，如图 7-4 所示。另外，单击“浏览”按钮，可以设置磁盘文件保存的位置。这里使用默认名称和默认保存位置，设置完成后单击“完成”按钮。

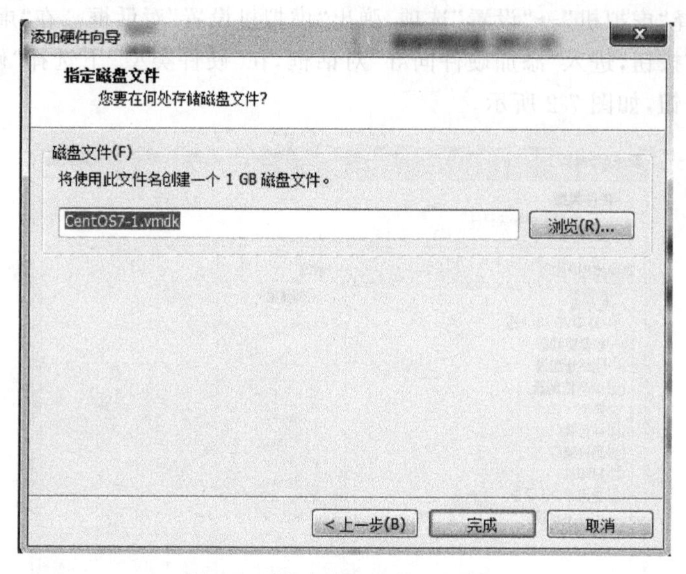

图 7-4 “指定磁盘文件”对话框

第六步，在“虚拟机设置”对话框中单击“确定”按钮完成对磁盘的添加。

第七步，重启系统。磁盘虽然添加成功，但需要让 Linux 的内核确认添加的磁盘，为此须重启系统。重启后可以使用命令 ls -l 查看添加的磁盘，如图 7-5 所示，/dev/sdb 就是新添加的第二块硬盘。

```
[root@localhost ~]# ll /dev/sd*
brw-rw----. 1 root disk 8,  0 10月 19 14:07 /dev/sda
brw-rw----. 1 root disk 8,  1 10月 19 14:07 /dev/sda1
brw-rw----. 1 root disk 8,  2 10月 19 14:07 /dev/sda2
brw-rw----. 1 root disk 8,  3 10月 19 14:07 /dev/sda3
brw-rw----. 1 root disk 8, 16 10月 19 14:07 /dev/sdb
[root@localhost ~]#
```

图 7-5 系统识别添加的磁盘示意

(2) 磁盘分区。创建两个主分区 sdb1 和 sdb2，使用命令 fdisk 可以创建基于 MBR 的分区，或者使用命令 gdisk 创建基于 GPT 的分区。这里以 fdisk 为例来介绍磁盘分区的操作步骤，如下所述。

第一步，输入命令 fdisk /dev/sdb，进入 fdisk 的界面。如图 7-6 所示。此时可以输入 m 以获取命令的帮助。

第二步，输入 n，创建一个新分区，选择分区类型：主分区，输入分区号 1，设置分区大小，例如 200M，效果如图 7-7 所示。

第三步，使用同样的方法，创建另一个主分区，这里省略，读者可以自行完成。注意，创建分区完成后，要用 w 命令保存并退出。

```
[root@localhost ~]# fdisk /dev/sdb
欢迎使用 fdisk (util-linux 2.23.2)。

更改将停留在内存中，直到您决定将更改写入磁盘。
使用写入命令前请三思。

Device does not contain a recognized partition table
使用磁盘标识符 0x9f00f80a 创建新的 DOS 磁盘标签。

命令(输入 m 获取帮助)：m
命令操作
   a   toggle a bootable flag
   b   edit bsd disklabel
   c   toggle the dos compatibility flag
   d   delete a partition
   g   create a new empty GPT partition table
   G   create an IRIX (SGI) partition table
   l   list known partition types
   m   print this menu
   n   add a new partition
   o   create a new empty DOS partition table
   p   print the partition table
   q   quit without saving changes
   s   create a new empty Sun disklabel
   t   change a partition's system id
   u   change display/entry units
   v   verify the partition table
   w   write table to disk and exit
   x   extra functionality (experts only)

命令(输入 m 获取帮助)：
```

图 7-6　fdisk 命令帮助界面

```
命令(输入 m 获取帮助)：n
Partition type:
   p   primary (0 primary, 0 extended, 4 free)
   e   extended
Select (default p): p
分区号 (1-4，默认 1)：1
起始 扇区 (2048-2097151，默认为 2048)：
将使用默认值 2048
Last 扇区, +扇区 or +size{K,M,G} (2048-2097151，默认为 2097151)：+200M
分区 1 已设置为 Linux 类型，大小设为 200 MiB
```

图 7-7　设置分区效果

(3) 磁盘格式化。磁盘格式化的操作步骤如下所述。

第一步，磁盘分区完成后需要重启计算机系统，或者使用命令 partprobe 让 Linux 内核重新读取磁盘分区表。当内核可以识别新的分区后，使用命令 fdisk 可以查看磁盘分区情况，如图 7-8 所示。

第二步，使用命令 mkfs. xfs 可以将磁盘格式化为 xfs 文件系统，如图 7-9 所示。至此，完成了文件系统的创建工作。

2. 文件系统的安装

文件系统的安装是将磁盘分区挂载到系统的某个目录下。这里以安装文件系统到 /home 下的 daemon 和 backup 目录为例来讲解文件系统安装的操作步骤。

第一步，创建文件目录/home/daemon、/home/backup，可以使用如下命令：

```
[root@localhost ~]# mkdir /home/daemon /home/backup
```

```
[root@localhost ~]# fdisk -l

磁盘 /dev/sda: 21.5 GB, 21474836480 字节, 41943040 个扇区
Units = 扇区 of 1 * 512 = 512 bytes
扇区大小(逻辑/物理): 512 字节 / 512 字节
I/O 大小(最小/最佳): 512 字节 / 512 字节
磁盘标签类型: dos
磁盘标识符: 0x000aaa76

   设备 Boot      Start         End      Blocks   Id  System
/dev/sda1   *        2048      616447      307200   83  Linux
/dev/sda2          616448    29913087    14648320   83  Linux
/dev/sda3        29913088    33912831     1999872   82  Linux swap / Solaris

磁盘 /dev/sdb: 1073 MB, 1073741824 字节, 2097152 个扇区
Units = 扇区 of 1 * 512 = 512 bytes
扇区大小(逻辑/物理): 512 字节 / 512 字节
I/O 大小(最小/最佳): 512 字节 / 512 字节
磁盘标签类型: dos
磁盘标识符: 0x9f00f80a

   设备 Boot      Start         End      Blocks   Id  System
/dev/sdb1            2048      411647      204800   83  Linux
/dev/sdb2          411648     1435647      512000   83  Linux
[root@localhost ~]#
```

图 7-8　查看磁盘分区情况

```
[root@localhost ~]# mkfs.xfs /dev/sdb1
meta-data=/dev/sdb1              isize=512    agcount=4, agsize=12800 blks
         =                       sectsz=512   attr=2, projid32bit=1
         =                       crc=1        finobt=0, sparse=0
data     =                       bsize=4096   blocks=51200, imaxpct=25
         =                       sunit=0      swidth=0 blks
naming   =version 2              bsize=4096   ascii-ci=0 ftype=1
log      =internal log           bsize=4096   blocks=855, version=2
         =                       sectsz=512   sunit=0 blks, lazy-count=1
realtime =none                   extsz=4096   blocks=0, rtextents=0
[root@localhost ~]# mkfs.xfs /dev/sdb2
meta-data=/dev/sdb2              isize=512    agcount=4, agsize=32000 blks
         =                       sectsz=512   attr=2, projid32bit=1
         =                       crc=1        finobt=0, sparse=0
data     =                       bsize=4096   blocks=128000, imaxpct=25
         =                       sunit=0      swidth=0 blks
naming   =version 2              bsize=4096   ascii-ci=0 ftype=1
log      =internal log           bsize=4096   blocks=855, version=2
         =                       sectsz=512   sunit=0 blks, lazy-count=1
realtime =none                   extsz=4096   blocks=0, rtextents=0
[root@localhost ~]#
```

图 7-9　磁盘格式化效果

第二步，使用命令 mount 将/dev/sdb1 挂载到/home/daemon，将/dev/sdb2 挂载到/home/backup 上，挂载成功后可以使用命令 df 查看效果，如图 7-10 所示。

3. 文件系统的使用

当文件系统挂载成功后，就可以正常使用了。这里以在目录 daemon 下创建文件 file1.txt 和 file2.txt 为例，目标是将这两个文件打包，最后压缩备份到目录 backup 中。其操作步骤如下所述。

第一步，使用命令 touch 创建文件 file1.txt 和 file2.txt。

```
[root@localhost ~]# touch /home/daemon/file1.txt /home/daemon/file2.txt
```

```
[root@localhost ~]# mount /dev/sdb1 /home/daemon
[root@localhost ~]# mount /dev/sdb2 /home/backup
[root@localhost ~]# df -T
文件系统        类型         1K-块     已用      可用 已用% 挂载点
/dev/sda2       xfs       14638080 1392416 13245664   10% /
devtmpfs        devtmpfs    487984       0   487984    0% /dev
tmpfs           tmpfs       498976       0   498976    0% /dev/shm
tmpfs           tmpfs       498976    7796   491180    2% /run
tmpfs           tmpfs       498976       0   498976    0% /sys/fs/cgroup
/dev/sda1       xfs         303780  109120   194660   36% /boot
tmpfs           tmpfs        99796       0    99796    0% /run/user/0
/dev/sdb1       xfs         201380   10416   190964    6% /home/daemon
/dev/sdb2       xfs         508580   25776   482804    6% /home/backup
[root@localhost ~]#
```

图 7-10　文件系统挂载成功

第二步，使用命令 tar 对文件 file1. txt 和 file2. txt 打包，并压缩备份到目录/home/backup 中，命名为 file12. tar. gz。命令示例和执行后效果如图 7-11 所示。

```
[root@localhost ~]# cd /home/daemon/
[root@localhost daemon]# tar cvfz /home/backup/file12.tar.gz file1.txt file2.txt
file1.txt
file2.txt
[root@localhost daemon]# ls /home/backup/
file12.tar.gz
[root@localhost daemon]#
```

图 7-11　打包压缩文件效果

4. 文件系统的卸载

当文件系统不再使用后，可以使用 umount 命令将其卸载。在系统关机或重启的时候，如果用户没有卸载文件系统，Linux 就会自动完成文件系统的卸载操作。

图 7-12 所示的是将/dev/sdb2 从/home/backup 下卸载，并测试卸载后的效果。

```
[root@localhost home]# ls backup/
file12.tar.gz
[root@localhost home]# umount /home/backup/
[root@localhost home]# ls backup/
[root@localhost home]# df -T
文件系统        类型         1K-块     已用      可用 已用% 挂载点
/dev/sda2       xfs       14638080 1394188 13243892   10% /
devtmpfs        devtmpfs    487984       0   487984    0% /dev
tmpfs           tmpfs       498976       0   498976    0% /dev/shm
tmpfs           tmpfs       498976    7796   491180    2% /run
tmpfs           tmpfs       498976       0   498976    0% /sys/fs/cgroup
/dev/sda1       xfs         303780  109120   194660   36% /boot
tmpfs           tmpfs        99796       0    99796    0% /run/user/0
/dev/sdb1       xfs         201380   10420   190960    6% /home/daemon
[root@localhost home]#
```

图 7-12　测试文件系统卸载后的效果

在图 7-12 中，卸载文件系统前有文件 file12. tar. gz，但卸载后文件消失了。同时，通过命令 df 查看挂载的文件系统，可以看到/dev/sdb2 确实卸载了。

卸载的文件系统还可以通过 mount 命令再挂载，消失的文件会重新回到目录中。读者可以自行测试。

7.4.3 文件系统的自动挂载

系统在重启或关机时会自动卸载所有已经安装的文件系统，因此如果某个文件系统在每次开机时都要使用，最好的方法是自动挂载。下面以开机时自动挂载/dev/sdb1 和/dev/sdb2 为例，在文件/etc/fstab 中添加相应记录。操作步骤如下所述。

第一步，可以通过命令 blkid 查看到设备的 UUID，如图 7-13 所示。

```
[root@localhost ~]# blkid
/dev/sda1: UUID="efb8e48c-2d00-4a52-80a8-0b5774450a44" TYPE="xfs"
/dev/sda2: UUID="9f173e78-c60e-44e3-8894-51fadb75c012" TYPE="xfs"
/dev/sda3: UUID="27b6ce28-3d16-49c4-bce0-7e4d717e594a" TYPE="swap"
/dev/sdb1: UUID="f9c39a79-a98f-4dde-bdcd-6b91281ff76c" TYPE="xfs"
/dev/sdb2: UUID="26cfdfb7-b290-454c-aad8-7ad1104bc5a1" TYPE="xfs"
/dev/sr0: UUID="2018-05-07-12-53-47-00" LABEL="CentOS 7 x86_64" TYPE="iso9660" P
TTYPE="dos"
[root@localhost ~]#
```

图 7-13　获取设备的 UUID

第二步，使用 vi 文本编辑器打开文件/etc/fstab，在文件的后面添加记录，如图 7-14 所示。

```
#
# /etc/fstab
# Created by anaconda on Mon Sep  3 07:07:21 2018
#
# Accessible filesystems, by reference, are maintained under '/dev/disk'
# See man pages fstab(5), findfs(8), mount(8) and/or blkid(8) for more info
#
UUID=9f173e78-c60e-44e3-8894-51fadb75c012 /                       xfs     defaul
ts        0 0
UUID=efb8e48c-2d00-4a52-80a8-0b5774450a44 /boot                   xfs     defaul
ts        0 0
UUID=27b6ce28-3d16-49c4-bce0-7e4d717e594a swap                    swap    defaul
ts        0 0
UUID=f9c39a79-a98f-4dde-bdcd-6b91281ff76c /home/daemon            xfs     defaul
ts        0 0
UUID=26cfdfb7-b290-454c-aad8-7ad1104bc5a1 /home/backup            xfs     defaul
ts        0 0
```

图 7-14　编辑 fstab 文件

图 7-14 所示中的最后两条记录是添加的自动挂载文件系统的记录。需要事先在 Linux 系统中创建好挂载的目录，否则系统启动时自动挂载会失败。

第三步，保存 fstab 文件的修改。读者可以重启系统自行完成自动挂载的测试。

7.5 思考与练习

列举常用的 Linux 文件与目录操作命令及用法实例，并上机完成目录创建、进入目录、建立文件、显示文件、显示目录、管道操作、输出重定向、文件合并、文件拆分、文件查找等功能(命令)。

第四部分

进 程 管 理

为了提高计算机的效率，增强计算机内各种硬件的并行操作能力，操作系统要求程序结构必须适应并发处理的需求，为此引入了进程的概念。运行在一个计算机中的多个进程之间很少是完全独立的，它们要共享资源，分工协作，相互通信，所以进程的并发控制与同步机制是操作系统不可或缺的。

本部分主要通过对 Linux 进程查看命令的学习，了解 Linux 中进程任务、进程状态的查看方法；通过对 GCC 编译器和 GDB 调试器的学习，了解 Linux 中编译和调试 C 语言程序的方法；通过阅读源程序，理解进程之间的各种通信方法，会使用进程通信的一些系统调用；最后，通过对银行家算法的学习来了解系统避免死锁的方法。

第 8 章 Linux 进程查看及计划任务

8.1 实验目的

(1) 熟悉和理解进程的概念。

(2) 掌握使用 Linux 命令管理和查看进程状态的方法。

(3) 掌握 Linux 中使用计划任务管理作业的方法。

8.2 实验环境

一台已安装好 VMware 软件的主机,虚拟机系统为 CentOS 7。

8.3 预备知识

在 Linux 中,进程的就绪状态和运行状态合并为一个状态,即就绪状态。系统把处于就绪状态的进程放在一个队列中,调度程序从这个队列中选择一个进程运行。而等待状态又被分为浅度睡眠状态和深度睡眠状态两种。除此之外,还有暂停状态和僵死状态。这几种状态的转换如图 8-1 所示。

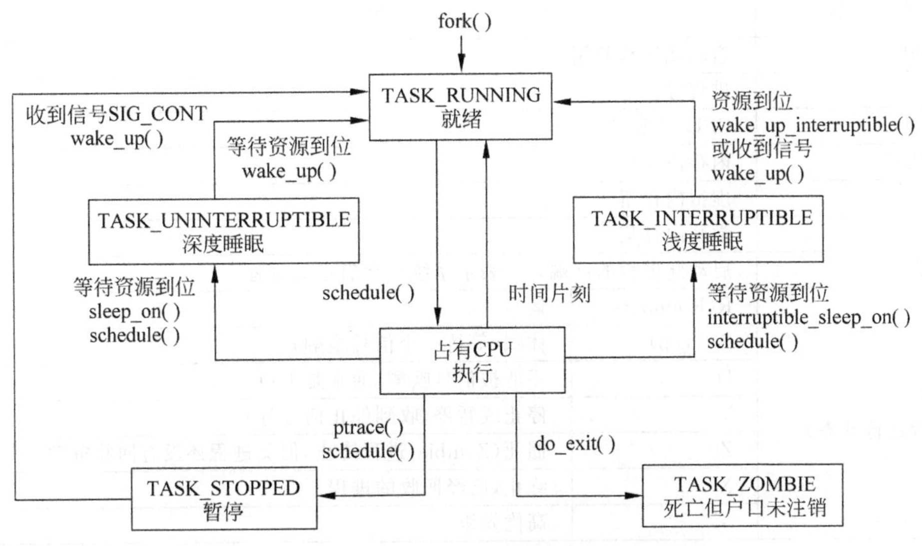

图 8-1 Linux 进程状态转换及其调用的内核函数

8.3.1 进程管理和监控常用命令

1. ps

功能：显示进程的状态。无选项时显示当前用户在当前终端启动的进程。

语法：ps [options]

ps 命令常用选项及说明如表 8-1 所示。

表 8-1　ps 常用选项及说明

常用选项	说　明
-A,-e	显示所有的进程
-f	按全格式列出进程信息
-l	按长格式列出进程信息
-a	显示在当前终端启动的进程，不包括终端启动程序
a	显示在当前终端启动的进程，包括状态信息
x	显示所有进程，不以终端机来区分
u	以用户为主的格式来显示程序状况

例如，输入命令 ps au，显示效果如图 8-2 所示。

```
[root@localhost ~]# ps au
USER        PID %CPU %MEM    VSZ   RSS TTY      STAT START   TIME COMMAND
root        620  0.0  0.0 110088   852 tty1     Ss+  20:09   0:00 /sbin/agetty -
root       1375  0.0  0.2 115436  2068 pts/0    Ss   20:10   0:00 -bash
root       1504  0.0  0.1 155324  1864 pts/0    R+   20:50   0:00 ps au
[root@localhost ~]#
```

图 8-2　ps au 命令输出效果

图 8-2 所示中显示的参数及含义如表 8-2 所示。

表 8-2　图 8-2 中参数及含义

参　数	含　义	
USER	启动此进程的用户	
PID	进程号	
%CPU	CPU 占用率	
%MEM	内存占用率	
VSZ	虚拟内存集	
RSS	常驻内存集	
TTY	启动此进程的终端，“?”表示系统后台启动的进程	
STAT（进程运行状态）	R(Running)	运行
	S(Sleep)	休眠（等待一个信号唤醒）
	D	不能被信号唤醒（通常是 I/O）
	T	停止或暂停（收到停止信号等）
	Z	僵死（Zombie，进程终止，但父进程还没有回收资源）
	X	终止，已经回收的进程
	<	高优先级

续表

参数	含义	
STAT（进程运行状态）	N	低优先级
	L	有些页被锁进内存
	s	在它之下有子进程
	l	多进程(或线程)
	+	前台进程
START	进程启动时间/日期	
TIME	在 CPU 上执行的累计时长	
COMMAND	启动此进程的命令,“[ ]”表示内核启动的线程	

2. top

功能：动态实时显示进程信息。

语法：top -hv|-bcHiOSs -d secs -n max -u|U user -p pid -o fld -w [cols]

top 命令的常用选项及说明如表 8-3 所示。

表 8-3 top 命令的常用选项及说明

常用选项	说明
-b	top 运行不接收键盘输入,除非中断
-d	指定每两次屏幕信息刷新之间的时间间隔
-p	通过指定监控进程 ID 来仅仅监控某个进程的状态
-S	指定累计模式
-s	使 top 命令在安全模式中运行
-i	使 top 不显示任何闲置或者僵死进程
-c	显示整个命令行而不只是显示命令名

top 运行效果,图 8-3 所示的是输入命令 top -d 10 的显示效果。

```
top - 11:29:20 up 26 min,  1 user,  load average: 0.00, 0.01, 0.05
Tasks:  92 total,   1 running,  91 sleeping,   0 stopped,   0 zombie
%Cpu(s):  0.0 us,  0.0 sy,  0.0 ni,100.0 id,  0.0 wa,  0.0 hi,  0.0 si,  0.0 st
KiB Mem :   997956 total,   634772 free,   155644 used,   207540 buff/cache
KiB Swap:  1999868 total,  1999868 free,        0 used.   662008 avail Mem

   PID USER      PR  NI    VIRT    RES    SHR S %CPU %MEM     TIME+ COMMAND
   944 root      20   0  498340  27828  12832 S  0.2  2.8   0:02.49 dockerd-cu+
   565 root      20   0  298928   6280   4936 S  0.1  0.6   0:01.99 vmtoolsd
  1399 root      20   0       0      0      0 S  0.1  0.0   0:00.85 kworker/0:1
  1437 root      20   0  161840   2172   1560 R  0.1  0.2   0:00.02 top
     1 root      20   0  128000   6584   4180 S  0.0  0.7   0:03.50 systemd
     2 root      20   0       0      0      0 S  0.0  0.0   0:00.00 kthreadd
     3 root      20   0       0      0      0 S  0.0  0.0   0:00.07 ksoftirqd/0
     5 root       0 -20       0      0      0 S  0.0  0.0   0:00.00 kworker/0:+
     6 root      20   0       0      0      0 S  0.0  0.0   0:00.12 kworker/u2+
     7 root      rt   0       0      0      0 S  0.0  0.0   0:00.00 migration/0
     8 root      20   0       0      0      0 S  0.0  0.0   0:00.00 rcu_bh
     9 root      20   0       0      0      0 S  0.0  0.0   0:00.48 rcu_sched
    10 root       0 -20       0      0      0 S  0.0  0.0   0:00.00 lru-add-dr+
    11 root      rt   0       0      0      0 S  0.0  0.0   0:00.01 watchdog/0
    13 root      20   0       0      0      0 S  0.0  0.0   0:00.00 kdevtmpfs
    14 root       0 -20       0      0      0 S  0.0  0.0   0:00.00 netns
    15 root      20   0       0      0      0 S  0.0  0.0   0:00.00 khungtaskd
```

图 8-3 top 运行效果

图 8-3 所示中显示的参数含义如下所述。

(1) 前五行信息。前五行信息为统计信息，是系统整体的统计信息。

第一行是任务队列信息，同命令 uptime。其含义如表 8-4 所示。

表 8-4 top 运行第一行信息的含义

11：29：20	当前时间
up 26 min	系统运行时间
1 user	当前登录用户数
load average：0.00,0.01,0.05	系统负载，即任务队列的平均长度。三个数值分别为 1 分钟、5 分钟、15 分钟前到现在的平均值

第二、三行信息为进程和 CPU 的信息，其含义如表 8-5 所示。

表 8-5 top 运行第二、三行信息的含义

Tasks：92 total	进程总数
1 running	正在运行的进程数
91 sleeping	睡眠的进程数
0 stopped	停止的进程数
0 zombie	僵尸进程数
%Cpu(s)：0.0us	用户空间占用 CPU 百分比
0.0 sy	内核空间占用 CPU 百分比
0.0 ni	用户进程空间内改变过优先级的进程占用 CPU 百分比
100.0 id	空闲 CPU 百分比
0.0 wa	等待输入输出的 CPU 时间百分比
0.0 hi	硬件中断服务花费 CPU 时间百分比
0.0 si	软件中断服务花费 CPU 时间百分比
0.0 st	hypervisor 虚拟机偷取时间

第四、五行信息为内存信息，其含义如表 8-6 所示。

表 8-6 top 运行第四、五行信息的含义

KiB Mem：997 956 total	物理内存总量
634 772 free	空闲内存总量
155 644 used	使用的物理内存总量
207 540 buff/cache	用作内核缓存的内存量
KiB Swap：1 999 868 total	交换区总量
1 999 868 free	空闲交换区总量
0 used	使用的交换区总量
662 008 avail Mem	运行新程序可以用到的有效物理内存

(2) 进程信息。

前五行的下面是正在运行的进程信息，其含义如表 8-7 所示。

注：命令 top 默认按照进程的 CPU 使用率排列所有的进程。若按 M 键，则将按照内存使用率排列所有进程；若按 T 键，则将按照进程的执行时间排列所有进程；若按 P 键，则将恢复按照 CPU 使用率排列所有进程。最后按 Ctrl+C 组合键或者 Q 键以结束 top 命令。

表 8-7　top 运行进程信息含义表

PID	进程 id
USER	进程所有者的用户名
PR	优先级
NI	nice 值。负值表示高优先级,正值表示低优先级
VIRT	进程使用的虚拟内存总量,单位 KB。VIRT=SWAP+RES
RES	进程使用的、未被换出的物理内存大小(常驻内存),单位 KB。RES=CODE+DATA
SHR	共享内存大小,单位 KB
S	进程状态: D=不可中断的睡眠状态 R=运行 S=睡眠 T=跟踪/停止 Z=僵尸进程
%CPU	上次更新到现在的 CPU 时间占用百分比
%MEM	进程使用的物理内存百分比
TIME+	进程使用的 CPU 时间总计,单位 1/100 秒
COMMAND	命令名/命令行

3. jobs

功能:列出正在运行的作业。

语法:jobs [- lnprs] [jobspec …]

jobs 命令的常用选项及说明如表 8-8 所示。

表 8-8　jobs 命令的常用选项及说明

常用选项	说　明
-l	普通信息之外,列出进程 ID
-p	只列出作业的进程组 leader 的进程 ID
-n	只显示从上次用户得知它们的状态之后,状态发生改变的作业的信息
-r	限制只输出正在运行的作业
-s	限制只输出停止的作业
jobspec	输出被限制为仅此作业的信息

4. kill

功能:终止正在运行的进程或作业。超级用户可终止所有的进程,普通用户只能终止自己启动的进程。

语法:kill [- s signal| - p] [- a] pid …

kill - l [signal]

kill 命令的常用选项及说明如表 8-9 所示。

表 8-9　kill 命令的常用选项及说明

常用选项	说　明
-s	指定发送的信号,信号可以以信号名或数字的方式给定
-p	指定 kill 只打印命名进程的进程标识(pid),而不应发送给它信号
-l	打印信号名的列表

5. nice

功能：以调整值(ADJUST)的优先级运行程序，若没给出程序，则显示当前的优先级。调整值默认为10，范围从－20(最高级)到19(最低级)。

语法：nice [OPTION] … [COMMAND [ARG] …]

nice命令的常用选项及说明如表8-10所示。

表8-10　nice命令的常用选项及说明

常用选项	说　明
-ADJUST	优先级调整到ADJUST
-n，--adjustment＝ADJUST	和-ADJUST一样

6. renice

功能：修改运行中的进程的优先级，设定指定用户或组群的进程优先级。

语法：renice [- n] priority [- gpu] identifier…

renice命令的常用选项及说明如表8-11所示。

表8-11　renice命令的常用选项及说明

常用选项	说　明
-n，--priority <数字>	指定nice增加值
-g	将参数解释为进程组ID
-p	将参数解释为进程ID(默认)
-u	将参数解释为用户名或用户ID

8.3.2　Linux系统中作业启动

作业是指用户在一次计算过程中，或者一次事务处理过程中，要求计算机系统所做工作的总称。一个作业可包括多个程序和多个数据集，但至少有一个程序。

1. 作业的启动方式

1) 手工启动

手工启动是由用户输入shell命令再按Enter键后直接启动的进程。它分为前台启动和后台启动两种方式。

(1) 前台启动。用户输入一个shell命令后按Enter键就启动一个前台作业。

(2) 后台启动。shell命令的末尾加上“&”符号，再按Enter键，将启动一个后台作业。

2) 作业的前后台切换

作业的前后台切换包括bg和fg两项命令。

(1) bg。

功能：将前台作业切换到后台运行。

语法：bg　[作业号]

若没有指定作业号，则将当前作业切换到后台。

(2) fg。

功能：将后台作业切换到前台运行。

语法：fg　[作业号]

若没有指定作业号，则将后台作业序列中的第一个作业切换到前台运行。

3）调度启动

系统按用户要求的时间或方式执行特定的进程。Linux 中常用的有 at 调度和 cron 调度。

2. 计划任务

1）at

功能：从标准输入或一个指定的文件中读取命令，这些命令在以后某个时间用/bin/sh 执行。

语法：
```
at  [-V]  [-q x]  [-f file]  [-mMlbv]  timespec ...
at  [-V]  [-q x]  [-f file]  [-mMlbv]  -t time
at  -c job ...
atq  [-V]  [-q x]
at  [ -rd ]  job ...
atrm  [-V]  job ...
```

at 的主要选项及说明如表 8-12 所示。

表 8-12　at 的主要选项及说明

选　　项	说　　明
-f 文件名	从文件而不是标准输入中读取作业信息

时间有绝对时间和相对时间两种表示方法。

(1) 绝对时间。其类似于 MMDDYY、MM/DD/YY 或 DD. MM. YY，用来指定运行的日期；HH：MM 用于指定在一天的某个时间；AM/PM 用于指定上午或下午等。

(2) 相对时间。其类似于 now＋计数时间单位，这里的时间单位可以是 minutes、hours、days 或 weeks；也可以给时间加一个 today 后缀来指定今天运行；或者给时间加一个 tomorrow 后缀来指定明天运行。例如，在 3 分钟后向文件/tmp/test. txt 写入信息“Hello”：

```
$ at now + 3 minutes
at > echo "Hello" > /tmp/test.txt
```

最后同时单击 Ctrl＋d 组合键保存。

注意，at 运行需要先启动进程服务 atd，启动命令为 systemctl　start　atd。

2）crontab

功能：维护用户的 crontab 配置文件。

语法：
```
crontab  [options]  file
crontab  [options]
crontab  -n  [hostname]
```

crontab 的主要选项及说明如表 8-13 所示。

表 8-13　crontab 的主要选项及说明

选　　项	说　　明
-u <user>	指定用户
-e	编辑用户的 cron 配置文件
-l	列出用户的 cron 配置文件
-r	删除用户的 cron 配置文件

注意：

(1) cron 服务需要启动 crond 进程，crond 进程负责检测 crontab 配置文件，并按照其设置内容，定期重复执行指定的 cron 调度工作。启动命令为 systemctl　start　crond。

(2) crontab 配置文件的每一行为包含一条记录，每条记录有 6 个部分(字段)，每个字段之间用白空格(按空格键或者 Tab 键)分隔，其格式如下所示。

分钟　小时　天　月　星期　命令

例如，0　8　*　*　* echo “Hello” >> /tmp/test. txt 形式，表示每天 08：00 向文件/tmp/test. txt 追加写入“Hello”。

时间的取值如表 8-14 所示。

表 8-14　字段取值表

minute	0～59
hour	0～23
day of month	1～31
month	1～12(or 使用月名)
day of week	0～7(0 or 7 is 星期天，或使用星期名称)

(3) 时间字段中可以使用 * 号，表示该值为任意值。

输入“crontab　-e”命令后，会自动启动 vi 文本编辑器，用户输入相应配置内容后保存退出即可。

8.4　实验步骤

8.4.1　进程查看命令练习

(1) 显示系统中所有进程的全部信息，可以输入命令 ps -ef。

(2) 显示终端所有用户有关进程的所有信息，可以输入命令 ps aux。

(3) 查看进程树，可以使用命令 pstree。

(4) 查看某个进程的进程树，可以使用 pstree　<进程 id>，如：pstree 12 304。

(5) 动态显示系统当前的进程和状态，每隔 5 秒的时间刷新一次，可以使用命令 top -d 5。

(6) 在目录/tmp 下用 vi 文本编辑器新建 test. txt 文件(如果目录/tmp 不存在，就须创建目录)，然后用 kill 将其终止。操作步骤如下：

① 输入命令 vi　/tmp/test. txt，创建 vi 进程。

② 新建一个终端，输入命令 ps -ef 查看 vi 文本编辑器的进程 PID，如图 8-4 所示。

③ 终止该进程，输入命令 kill <vi 的 PID>，如：kill 1585。

```
[root@localhost ~]# ps -ef |grep vi
root       515     1  0 21:28 ?        00:00:00 /usr/bin/VGAuthService -s
root      1585  1345  0 22:26 pts/0    00:00:00 vi /tmp/test.txt
root      1607  1590  0 22:29 pts/1    00:00:00 grep --color=auto vi
[root@localhost ~]# █
```

图 8-4　查看进程 PID 界面

④ 再查看 vi 文本编辑器的进程是否存在。在这里,应该不存在了。

(7) 查看进程 bash(如果没有,就启动一个)当前的优先级值,并将 nice 值下调 5。

8.4.2 计划任务配置

(1) 使用命令 at 执行一次性计划任务。在当天 23 点 30 分将/var/log 中的内容打包备份在/root 下,命名为 log1. tar. gz。

(2) 使用 cron 制订周期性计划任务。设置每周 5 晚 23 点 30 分执行日志备份,将/var/log 中的内容打包备份在/root 下,命名为 log2. tar. gz。

8.5 思考与练习

(1) 若系统中没有运行进程,是否一定没有就绪进程?为什么?

(2) 若系统中既没有运行进程,也没有就绪进程,系统中是否就没有阻塞进程?为什么?

第9章 GCC编译器的使用

9.1 实验目的

（1）掌握 GCC 编译器的基本使用方法。
（2）了解 GDB 调试器的基本使用方法。
（3）了解使用系统调用函数或 C 语言库函数访问文件系统的方法。
（4）了解子进程的创建方法。

9.2 实验环境

一台已安装好 VMware 软件的主机，虚拟机系统为 CentOS 7。

9.3 预备知识

9.3.1 GCC 编译器

通常所说的 GCC 是 GNU Compiler Collection 的简称，除了其能编译程序之外，还包含其他相关工具，它能把易于人类使用的高级语言编写的源代码构建成计算机能够直接执行的二进制代码。GCC 是 Linux 平台下最常用的编译程序，它是 Linux 平台 C/C++编译器的事实标准。

1. gcc 命令的语法格式

```
gcc [选项] 源文件 [目标文件]
```

2. 选项

GCC 编译器的选项很多，常用的选项如表 9-1 所示。

表 9-1 GCC 编译器常用选项表

选　项	说　明
-c	只进行预处理、编译和汇编，生成.o 文件
-S	只进行预处理和编译，生成汇编文件.s
-E	只进行预处理，预处理后的代码送往标准输出
-o	指定目标名称，常与-c、-S 同时使用，默认为.out

续表

选　项	说　明
-llibrary	连接名为 library 的库文件
-Ldir	指定编译搜索库的路径
-include file	插入一个文件，功能等同源代码中的 #include
-Wall	给出警告信息
-g	编译器编译时加入调试(Debug)信息

3. GCC 编译器的编译执行过程

对于 GNU 编译器来说，程序的编译要经历预处理、编译、汇编、链接四个阶段，最后才可以执行，如图 9-1 所示。

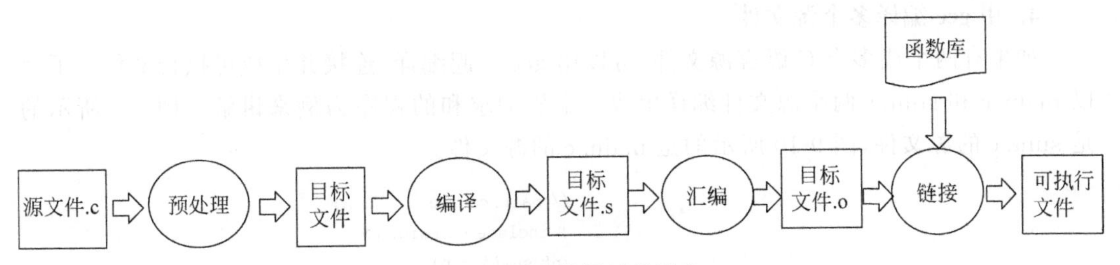

图 9-1　程序编译过程示意

下面通过简单的 C 语言程序来介绍这四个阶段。图 9-2 所示的是 C 语言源程序。

```
#include <stdio.h>
int main(void) {
printf ("Hello world!\n");
}
```

图 9-2　C 语言源程序

(1) 预处理(Pre-processing)。在预处理阶段，输入的是 C 语言的源文件，通常为 *.c。它们通常带有.h 之类头文件的包含文件。预处理后会生成一个中间文件 *.i，如图 9-3 所示。

图 9-3 所示的是将源文件 hello.c 预处理后，生成中间文件 hello.i。

(2) 编译为汇编代码(Compiling)。在编译阶段，输入的是中间文件 *.i，编译后生成汇编语言文件 *.s。GCC 编译器首先要检查代码的规范性，以及是否有语法错误等，以确定代码实际要做的工作。在检查无误后，GCC 编译器再把代码翻译成汇编语言。这个阶段对应的 gcc 命令如图 9-4 所示。

```
gcc -E hello.c -o hello.i
```

图 9-3　预处理源程序

```
gcc -S hello.i -o hello.s
```

图 9-4　生成汇编代码

图 9-4 所示的是将中间文件 hello.i 编译后生成汇编语言文件 hello.s。

(3) 汇编(Assembling)。在汇编阶段，将输入的汇编文件 *.s 转换成目标文件 *.o。这个阶段对应的 gcc 命令如图 9-5 所示。

图 9-5 所示的是将汇编文件 hello.s 生成目标文件 hello.o。

(4) 连接(Linking)。在连接阶段，将输入的目标文件 *.o 与库文件汇集成一个可执行的二进制代码文件。这个阶段对应的 gcc 命令如图 9-6 所示。

```
gcc -c hello.s -o hello.o
```

图 9-5 生成目标文件

```
gcc hello.o -o hello
```

图 9-6 生成可执行程序

图 9-6 所示的是将目标文件 hello.o 和库文件汇集在一起生成可执行程序 hello。

注意,在 C 语言程序的实际编译过程中,通常是直接用一个 gcc 命令来完成第一~四步骤,如图 9-7 所示。

在图 9-7 中,源程序 hello.c 直接编译生成了可执行程序 hello。

(5) 程序执行。程序编译完成后,通常可以使用程序名直接运行,如图 9-8 所示。

```
gcc hello.c -o hello
```

图 9-7 直接编译生成可执行程序

```
./hello
```

图 9-8 运行编译成功的程序

4. 用 gcc 编译多个源文件

如果有两个或多个 C 语言源文件,可以用 gcc 一起编译、连接并生成可执行文件。下面以 main.c 和 sum.c 两个源文件编译生成一个累加求和的程序为例来讲解。图 9-9 所示的是 sum.c 的源文件,图 9-10 所示的是 main.c 的源文件。

```
//sum.c file
int sum(int n)
{
  int i,sum = 0;
  for(i = 1;i <= n;i++)
    sum += i;
  return sum;
}
```

图 9-9 sum.c 的源文件

```
// main.c file
#include <stdio.h>
int sum(int n);
int main()
{
  int n;
  printf("input a integer number:");
  scanf("%d",&n);
  printf("sum (1--%d) is %d\n",n,sum(n));
  return 0;
}
```

图 9-10 main.c 的源文件

程序编译运行效果如图 9-11 所示。

```
[root@bogon ~]# gcc -o sum main.c sum.c
[root@bogon ~]# ./sum
input a integer number:100
sum (1--100) is 5050
[root@bogon ~]#
```

图 9-11 程序编译连接运行效果

5. 用 GCC 编译器编译 C++ 程序

一般来说,C 编译器通过源文件的后缀名来判断是 C 程序还是 C++程序。在 Linux 中,C 源文件的后缀名为.c,C++源文件的后缀名为.C 或.cpp。但 gcc 命令只能编译 C++源文件,而不能自动和 C++程序使用的库连接。因此,通常使用 g++命令来完成 C++程序的编译和连接,该程序会自动调用 gcc 命令来实现编译。

图 9-12 所示的是 C++源文件 hello.C。

使用 g++编译的运行结果如图 9-13 所示。

```
#include <iostream>
using namespace std;
int main()
{
  cout<<"Hello,world!"<<endl;
  return 0;
}
```

图 9-12　C++源程序 hello.C 示例

```
[root@bogon ~]# g++ hello.C -o hello
[root@bogon ~]# ./hello
Hello,world!
[root@bogon ~]# 
```

图 9-13　g++编译连接 C++程序结果

9.3.2 GDB 调试器

程序中隐藏的错误会使程序无法正常运行，或者不能实现预期的功能。调试器是帮助程序员修改错误的得力工具，使用常用的断点、单步跟踪等功能可快速找到故障点。

GDB 调试器是 Linux 系统中最常用的程序调试工具，其常用的命令格式为

```
gdb program
```

注意，使用 GDB 调试器之前，程序编译时要使用-g 的选项，类似于 gcc　-g　-o helloworld　helloworld. c，然后再调用 gdb 命令进行程序调试。

GDB 调试器中常用命令如表 9-2 所示。

表 9-2　GDB 调试器中常用命令功能

命　令	说　明
break	设置断点，支持如下形式：break 行号、break 函数名称、break 行号/函数名称 if 条件
info	查看和可执行程序相关的各种信息
kill	终止正在调试的程序
print	显示变量或表达式的值
delete	删除设置的某个断点或观测点，与 break 操作相似
clear	删除设置在指定行号或函数上的断点
continue	从断点处继续执行程序
list	列出 GDB 调试器中打开的可执行文件代码
watch	在程序中设置观测点
run	运行打开的可执行文件
next	单步执行程序

GDB 调试器中更多的使用信息可以使用 help 命令，如图 9-14 所示。

9.3.3 Linux 文件操作函数简介

操作系统为文件系统的操作提供了系统调用函数，系统调用函数是对内核功能实现函数的封装。另外，具体程序设计语言一般也提供文件操作库函数，实现对系统调用函数的封装，便于程序设计人员使用。

1. 系统调用函数

对于不同的操作系统来说，与文件相关的系统调用命令在数量上、形式上以及语义上不

```
(gdb) h
List of classes of commands:

aliases -- Aliases of other commands
breakpoints -- Making program stop at certain points
data -- Examining data
files -- Specifying and examining files
internals -- Maintenance commands
obscure -- Obscure features
running -- Running the program
stack -- Examining the stack
status -- Status inquiries
support -- Support facilities
tracepoints -- Tracing of program execution without stopping the program
user-defined -- User-defined commands

Type "help" followed by a class name for a list of commands in that class.
Type "help all" for the list of all commands.
Type "help" followed by command name for full documentation.
Type "apropos word" to search for commands related to "word".
Command name abbreviations are allowed if unambiguous.
(gdb)
```

图 9-14 gdb 中使用“help”命令的运行结果

尽相同。一般文件系统为用户提供的系统调用主要有创建/打开文件、读/写文件和关闭文件等函数。

(1) 创建/打开文件函数。在Linux标识进程的PCB中,包含用户打开文件表,用来建立该进程和所有该进程打开文件之间的联系。同时,系统中所有打开的文件也记录在一张称为系统打开文件表的双向链表中。

当建立或者打开一个文件时,系统调用函数是open(),其调用方式为:

```
fd = open(name, mode);
```

(2) 读/写函数。读写文件时需调用read()函数和write()函数,格式为:

```
n = read (fd, buf, nbytes);
n = write (fd, buf, nbytes);
```

(3) 关闭文件函数。

使用close()函数会关闭一个文件描述符fd,使它不再指向任何文件和可以在新的文件操作中被再次使用。其格式为:

```
close(int fd);
```

2. C语言中提供的文件操作类库函数

(1) fopen()函数。

原型:`FILE * fopen(const char * path, const char * mode);`

说明:fopen()函数打开文件名为path指向的字符串的文件,将一个流与它关联。参数mode指向一个字符串,以下列序列之一开始:

r　　打开文本文件,用于读。

r+　　打开文本文件,用于读写。

w　　将文件长度截断为零,或者创建文本文件,用于写。

w+　　打开文件,用于读写。如果文件不存在就创建它,否则将截断它。

a　　打开文件,用于追加(在文件尾写)。如果文件不存在就创建它。

a+　　打开文件,用于追加(在文件尾写)。如果文件不存在就创建它。读文件的初始位置是文件的开始,但是输出总是被追加到文件的末尾。

b　　二进制文件,可以和前面的符号混用。

注意,Linux 系统中,所有的文件都被看作流式文件,即无结构的文件形式,其长度以字节为单位,系统不对文件进行格式处理。因此,b 模式只有在 Windows 系统中才有效,Linux 系统中有无 b 都会是二进制文件。

(2) fread()函数。

原型:`size_t fread ( void * buffer, size_t size, size_t count, FILE * stream);`

说明:从文件 stream 中读取 count 个长度为 size 的字节到内存 buffer 中。

(3) fwrite()函数。

原型:`size_t fwrite(const void* buffer, size_t size, size_t count, FILE* stream);`

说明:将内存 buffer 中 count 个长度为 size 的字节写入到文件 stream 中。

(4) fseek()函数。

原型:`int fseek(FILE * stream, long offset, int fromwhere);`

说明:以 fromwhere 为基准,以 offset 为偏移设置文件 stream 读写指针的位置。如果 fromwhere 被设置为 SEEK_SET、SEEK_CUR 和 SEEK_END,分别表示文件的开始、当前位置和文件尾。

(5) fclose()函数。

原型:`int fclose( FILE * fp );`

说明:关闭文件 fp。在关闭文件之前,需要调用 fclose()函数,写入在用户空间缓冲的所有数据。

(6) fflush()函数。

原型:`int fflush(FILE * stream);`

说明:fflush 强制在所给的输出流或更新流 stream 上,写入在用户空间缓冲的所有数据。如果参数 stream 是 NULL,那么 fflush()函数刷新所有打开的流。

9.3.4 fork()函数

CentOS 7 中除初始化进程 systemd 外,其他进程都是系统调用 fork()函数来创建的。fork()函数没有参数,用于创建子进程,如果创建子进程成功,就返回值>=0。其中,返回值为 0 的对应子进程,返回值>0 的对应原进程,非 0 值即为子进程的 PID 号;如果创建失败,就返回值为-1,如图 9-15 所示。

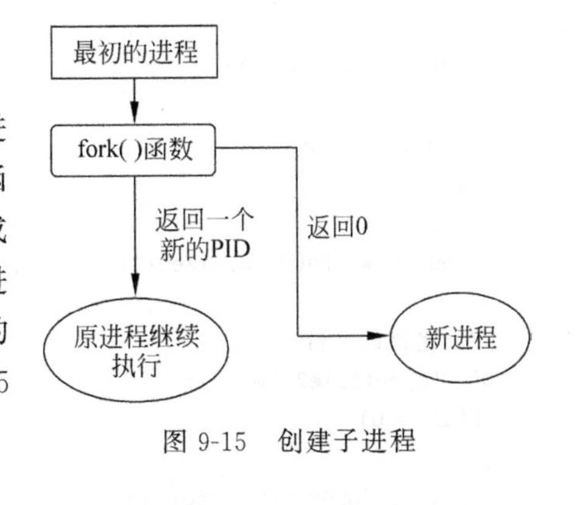

图 9-15　创建子进程

9.4 实验步骤

9.4.1 gcc 编译程序

下面是建立一个二进制文件"file1. bin"的程序,向其中写入一些整型数,然后将该文件内容复制到另一个文件"file2. bin"中。程序 rwbfile. c 的代码如下:

```
#include <stdio.h>
#include <stdlib.h>
#include <sys/types.h>
#include <sys/stat.h>
#include <unistd.h>
#include <fcntl.h>
#include <string.h>
#define NUM 10                                  //每次读写缓存大小,影响运行效率
#define file1 "file1.bin"                       //源文件名
#define file2 "file2.bin"                       //目的文件名
#define OFFSET 0                                //文件指针偏移量
int main()
{
  FILE *sf, *df;
  int rnum = 0;
  int data[NUM];
  int digit = 0;
  int i=0,j=10;
  //创建源文件
  sf=fopen(file1,"w+");
  if(sf==0)
  {
  printf("open file error!\n");
  exit(1);
}
//向源文件中写数据
for(;j>0;j--)
{
  for(i=0;i<NUM;i++)
  {
    data[i]=digit;
  }
  digit++;
  rnum=fwrite(data,sizeof(int),NUM,sf);
}
//创建目的文件
df=fopen(file2,"w+");
if(df==0)
{
  printf("open file error!\n");
  exit(1);
```

```
}
fseek(sf,OFFSET,SEEK_SET);                              //将源文件的读写指针移到起始位置
printf("file1:\n");
while((rnum = fread(data,sizeof(int),NUM,sf))> 0)
{
    for(i = 0;i < rnum;i++)
{
  printf(" %d ",data[i]);
}
printf("\n");
fwrite(data,sizeof(int),rnum,df);
}
fseek(df,OFFSET,SEEK_SET);                              //将目的文件的读写指针移到起始位置
printf("file2:\n");
while((rnum = fread(data,sizeof(int),NUM,df))> 0)       //读取目的文件的内容
{
  for(i = 0;i < rnum;i++)
  {
    printf(" %d ",data[i]);
  }
    printf("\n");
}
  fclose(sf);
  fclose(df);
  return 0;
}
```

gcc 编译程序执行结果如图 9-16 所示。

```
[root@localhost ~]# ./rwbfile
file1:
0 0 0 0 0 0 0 0 0 0
1 1 1 1 1 1 1 1 1 1
2 2 2 2 2 2 2 2 2 2
3 3 3 3 3 3 3 3 3 3
4 4 4 4 4 4 4 4 4 4
5 5 5 5 5 5 5 5 5 5
6 6 6 6 6 6 6 6 6 6
7 7 7 7 7 7 7 7 7 7
8 8 8 8 8 8 8 8 8 8
9 9 9 9 9 9 9 9 9 9
file2:
0 0 0 0 0 0 0 0 0 0
1 1 1 1 1 1 1 1 1 1
2 2 2 2 2 2 2 2 2 2
3 3 3 3 3 3 3 3 3 3
4 4 4 4 4 4 4 4 4 4
5 5 5 5 5 5 5 5 5 5
6 6 6 6 6 6 6 6 6 6
7 7 7 7 7 7 7 7 7 7
8 8 8 8 8 8 8 8 8 8
9 9 9 9 9 9 9 9 9 9
[root@localhost ~]#
```

图 9-16　gcc 编译程序执行结果

9.4.2 用 fork 创建子进程

用 fork 创建子进程，父进程和子进程中都有打印信息语句，信息为父进程和子进程的 PID。请填写完成下面的程序代码，删除下面的横线，并上机调试编译运行结果。

```
#include <sys/types.h>
#include <unistd.h>
#include <stdio.h>
#include <stdlib.h>

int main()
{
  pid_t pid;
  int n;
/**************************************/
  _____①_____;                                    //创建子进程
/**************************************/
  switch(pid)
  {
    case -1:
      perror("fork failed!");
      exit(EXIT_FAILURE);
      break;
    case 0:
      n=5;
      for(;n>0;n--){
      printf("child process PID is %d.\n", ____②____);sleep(1);}
      break;
    default:
      n=3;
      for(;n>0;n--){
      printf("parent process PID is %d.\n", ____③____);sleep(1);}
  }
  return 0;
}
```

用 fork 创建子进程的调试运行结果如图 9-17 所示。

```
child process PID is 11027.
parent process PID is 11026.
parent process PID is 11026.
child process PID is 11027.
parent process PID is 11026.
child process PID is 11027.
[root@redhat9 root]# child process PID is 11027.
child process PID is 11027.
```

图 9-17 用 fork 创建子进程的调试运行结果

9.5 思考与练习

(1) 9.4.1 小节中的程序运行后,在磁盘的当前目录下,是否有文件"file1. bin""file2. bin"产生?如果有,那么它们的内容可以直接读取吗?分析原因。

(2) 修改读写缓存大小,使得一次可以读取 256B。再次运行程序,查看运行结果。

(3) 9.4.2 小节中,为什么程序输出内容中间会出现 shell 提示符?如图 9-18 所示。

```
parent process PID is 1364.
child process PID is 1365.
parent process PID is 1364.
child process PID is 1365.
parent process PID is 1364.
child process PID is 1365.
[root@localhost ~]# child process PID is 1365.
child process PID is 1365.
```

图 9-18　9.4.2 小节中的程序运行结果

第10章　子进程的创建

10.1　实验目的

(1) 了解进程的创建、阻塞、终止过程。
(2) 掌握Linux中子进程的创建、修改方法。

10.2　实验环境

一台已安装好VMware软件的主机,虚拟机系统为CentOS 7。

10.3　预备知识

Linux中用于进程控制的主要函数如下所述。

1. fork()函数

原型:pid_t fork(void);

功能:这是一个系统调用函数,创建一个子进程。

[说明]　fork()函数创建的子进程是当前进程的一个完全复制。

2. exec()函数系列

原型:

```
int execl( const char * path, const char * arg, ...);
int execlp( const char * file, const char * arg, ...);
int execle( const  char   * path,   const   char * arg , ..., char *  const   envp[]);
int execv( const char * path, char * const argv[]);
int execvp( const char * file, char * const argv[]);
int execve (const  char   * filename,   char * const argv [], char * const   envp[]);
```

功能:exec()函数是将一个新的程序调入本进程所占的内存,并将其覆盖,产生新的内存映像。新的程序可以是可执行文件或shell命令。

[说明]

(1) 在execl()函数、execlp()函数、execle()函数中,const char * arg以及省略号代表的参数可被视为arg0、arg1、…、arg*n*,它们合起来描述了指向NULL结尾的字符串的指针列表,即执行程序的参数列表。作为约定,第一个arg参数应该指向执行程序名自身,参数列表必须用 NULL 指针结束。

(2) execv()函数和 execvp()函数提供指向 NULL 结尾的字符串的指针数组作为新程序的参数列表。作为约定,指针数组中第一个元素应该指向执行程序名自身,指针数组必须用 NULL 指针结束。

(3) execle()函数同时说明了执行进程的环境(environment),它在 NULL 指针后面要求一个附加参数,NULL 指针用于结束参数列表。这个附加参数是指向 NULL 结尾的字符串的指针数组,它必须用 NULL 指针结束。其他函数从当前进程的 environ 外部变量中获取新进程的环境。

(4) 如果提供的文件名中不包含斜杠符(/),execlp()函数和 execvp()函数将同 shell 一样搜索执行文件。搜索路径由环境变量 PATH 指定。若该变量不存在,则使用默认路径":/bin:/usr/bin"。

(5) 前面 5 个函数是对 execve()函数的封装,只有 execve()函数是系统调用函数。execve()函数中的 filename 是替换的程序,filename 必须是二进制可执行文件,或者是脚本程序。execve()函数调用成功后不会返回,其进程的正文(text)、数据(data)、bss 和堆栈(stack)段被调入程序覆盖。调入程序继承了调用程序(子进程)的 PID 和所有打开的文件描述符,它们不会因为 exec()函数过程而关闭。

exec()系列函数的关系如图 10-1 所示。

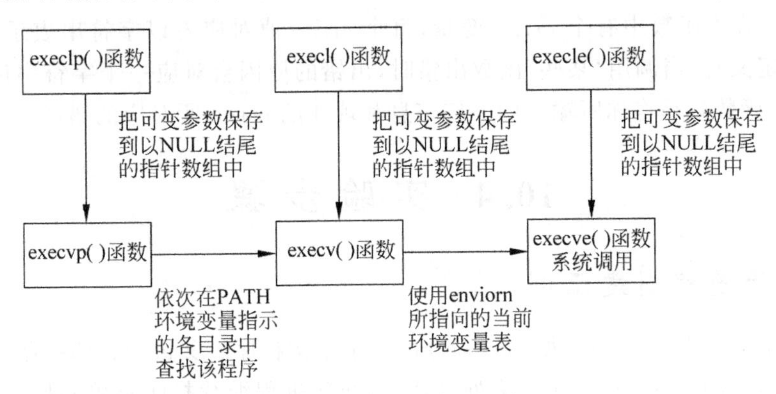

图 10-1 exec()系列函数关系

3. kill()函数

原型: `int kill(pid_t pid, int sig);`

功能: 系统调用 kill()函数,用于传送参数 sig 指定的信号给参数 pid 指定的进程。

4. sleep()函数

原型: `unsigned int sleep(unsigned int seconds);`

功能: 库函数 sleep,使进程休眠 seconds 秒。

5. wait()函数,waitpid()函数

原型:

```
pid_t wait(int * status);
pid_t waitpid(pid_t pid, int * status, int options);
```

功能: 系统调用 wait()函数或 waitpid()函数,父进程暂时停止执行,直到子进程状态改变(子进程结束、子进程被信号停止、子进程被信号重新唤醒)。

[说明] 子进程的状态可以用 Linux 中的一些宏来获取。

6. getpid()函数

原型：pid_t getpid(void);

功能：系统调用 getpid()函数，用于获取本进程标识号。

7. getppid()函数

原型：pid_t getppid(void);

功能：系统调用 getppid()函数，用于获取父进程标识号。

8. exit()函数

原型：void exit(int status);

功能：库函数 exit()，使得程序正常中止。

[说明] exit()函数之后，退出状态必须传递给父进程。C 语言标准定义了 EXIT_SUCCESS 和 EXIT_FAILURE 两个值，可以作为 exit()函数的参数，分别表示是否成功退出。

9. perror()函数

原型：void perror(const char * s);

功能：库函数 perror()，先输出字符串 s 中的内容，然后将发生错误的原因输出。此错误的原因依照全局变量 errno 的值来决定要输出的字符串。

[说明] 在库函数中有个 errno 变量，每个 errno 值对应着以字符串表示的错误类型(errno. h 中定义)。当调用"某些"函数出错时，出错的原因会对应一个字符串值，即错误类型。perror()函数只是将你所输入的一些信息和现在的 errno 所对应的错误类型一起输出。

10.4 实验步骤

10.4.1 子进程创建示例

以下是在用户状态下模拟执行 ps 命令的一个示例程序。父进程打印控制菜单，并且接受命令，然后创建子进程，让子进程去处理任务，而父进程继续打印菜单并接受命令。上机执行该程序，给出程序运行结果。

```
#include <stdio.h>
#include <stdlib.h>
#include <signal.h>
#include <sys/types.h>
#include <sys/wait.h>
#include <string.h>

int main(int argc,char * argv[])
{
  pid_t  pid;
  char  cmd;
  char * arg_psa[] = {"ps","-a",NULL};
  char * arg_psx[] = {"ps","x",NULL};
```

```
    while(1)
    {
      printf("------------------------------------------------------------\n");
      printf("输入 a 执行'ps -a'命令\n");
      printf("输入 x 执行'ps  x'命令\n");
      printf("输入 q 退出\n");
      cmd = getchar();                                    //接受输入命令字符
      getchar();

      if((pid = fork())< 0)
      {                                                   //创建子进程失败
        perror("fork error!");
        return -1;
      }
      if(pid == 0)                                        //子进程
      {
        switch(cmd)
        {
          case  'a':
            execv("/bin/ps",arg_psa);
            break;
          case  'x':
            execv("/bin/ps",arg_psx);
            break;
          case  'q':
            break;
          default:
            printf("wrong cmd! try again!\n");
        }                                                 //子进程结束
        exit(0);                                          //子进程提前结束,返回到父进程
      }
      else
      {                                                   //父进程
        if(cmd == 'q')
          break;
      }
    }                                                     //进程退出循环

    while(waitpid(-1,NULL,WNOHANG)> 0);                   //父进程等待回收子进程
    return 0;
}
```

10.4.2 子进程创建编程

下面的程序是用 fork()函数创建的一个子进程,调用 execl()函数替换该子进程的内容,模拟程序 ps -a 的运行效果,利用 wait()函数控制进程执行顺序(子进程先完成)。请填写完整程序并上机调试运行。程序运行效果如图 10-2 所示。

```
  PID TTY          TIME CMD
 2004 pts/0    00:00:00 exec
 2005 pts/0    00:00:00 ps
Is completed!
[root@localhost ~]#
```

图 10-2 程序运行效果

```
#include <unistd.h>
#include <stdio.h>
#include <stdlib.h>
#include <sys/types.h>
#include <sys/wait.h>

int main()
{
  pid_t pid;
  pid = fork();
  switch(____①____)
  {
    case -1:
      printf("fork fail!\n");
      exit(1);
    case 0:
      execl(______②______);
      printf("execl fail!\n");
      exit(1);
    default:
      wait(____③____);
      printf("Is completed!\n");
      exit(0);
  }
  return 0;
}
```

10.4.3 返回子进程退出状态

下面的程序实现了父子进程的 PID 的若干次输出，效果如图 10-3 所示。现在需要把 wait()函数和 exit()函数系统调用加进来，使子进程的退出状态返回给父进程，并将它包含在父进程的打印信息中。请完成程序的修改。最后的输出结果如图 10-4 所示。

```
child process PID is 11027.
parent process PID is 11026.
parent process PID is 11026.
child process PID is 11027.
parent process PID is 11026.
child process PID is 11027.
[root@redhat9 root]# child process PID is 11027.
child process PID is 11027.
```

图 10-3　程序运行的输出效果

```
parent process PID is 1523.
child process PID is 1524.
parent process PID is 1523.
child process PID is 1524.
parent process PID is 1523.
child process PID is 1524.
child process PID is 1524.
child process PID is 1524.
child has finished: PID=1524
child exited with code 88
[root@localhost ~]#
```

图 10-4　程序最后的输出结果

程序源代码如下：

```
#include <sys/types.h>
#include <unistd.h>
#include <stdio.h>
```

```
#include <stdlib.h>

int main()
{
  pid_t pid;
  int n;

  pid = fork();

  switch(pid)
  {
    case -1:
      perror("fork failed!");
      exit(EXIT_FAILURE);
      break;
    case 0:
      n = 5;
      for(;n > 0;n--){
      printf("child process PID is %d.\n", getpid());sleep(1);}
      break;
    default:
      n = 3;
      for(;n > 0;n--){
      printf("parent process PID is %d.\n", getpid());sleep(1);}
  }
  return 0;
}
```

修改提示：可以在子进程中定义退出代码，然后在父进程中收集子进程退出的状态代码。语句类似如下：

```
if(pid!= 0)
{
   child_pid = wait(&stat_val);                    //变量 stat_val 为自定义状态值
   //输出子进程的 pid
   if(WIFEXITED(stat_val))
      //输出正常退出代码
   else
      //输出非正常退出
}
```

10.5 思考与练习

(1) 在 10.4.1 小节的程序运行中会出现僵死的进程(zombie)。图 10-5 所示的是部分进程的示意图，其中状态为 Z+ 的表示为僵死的进程。

出现僵死进程的原因：一个进程在调用 exit 命令结束自己的生命的时候，其实它并没有真正的被销毁，而是留下一个被称为僵死进程(Zombie)的数据结构，以保证父进程可以获取到子进程结束时的状态信息。如果父进程不调用 wait()函数或 waitpid()函数的话，那

```
root        1564  0.0  0.0       0     0 ?       R    22:38   0:00 [kworker/0:0]
root        1591  0.0  0.0       0     0 ?       S    22:46   0:00 [kworker/0:1]
root        1593  0.0  0.0       0     0 ?       S    22:51   0:00 [kworker/0:2]
root        1601  0.0  0.0    4216   348 pts/1   S+   22:53   0:00 ./exp1
root        1602  0.0  0.0       0     0 pts/1   Z+   22:53   0:00 [ps] <defunct>
root        1603  0.0  0.0       0     0 pts/1   Z+   22:53   0:00 [ps] <defunct>
root        1604  0.0  0.0       0     0 pts/1   Z+   22:53   0:00 [ps] <defunct>
root        1605  0.2  0.5 158792  5852 ?       Ss   22:54   0:00 sshd: root@pts
root        1609  0.0  0.2 115436  2048 pts/0   Ss   22:54   0:00 -bash
root        1626  0.0  0.1 155324  1868 pts/0   R+   22:55   0:00 ps aux
[root@localhost ~]#
```

图 10-5　僵死的进程

么保留的那段信息就不会释放，其进程号会一直被占用。如果产生了大量的僵死进程，将占用消耗掉系统的进程号，其后果会导致系统不能产生新的进程。

修改程序，使得进程在调用 exit 命令时能够释放进程号，并测试效果。

(2) wait()系统调用函数中有一个源程序例子(见 man 2 wait 手册页)：

```
#include <sys/wait.h>
#include <stdlib.h>
#include <unistd.h>
#include <stdio.h>

int main(int argc, char *argv[])
{
  pid_t cpid, w;
  int status;
  cpid = fork();
  if (cpid == -1) {
      perror("fork");
      exit(EXIT_FAILURE);
      }

  if (cpid == 0) {                                    // Code executed by child
      printf("Child PID is %ld\n", (long) getpid());
      if (argc == 1)
      pause();                                        // Wait for signals
      _exit(atoi(argv[1]));
      }
      else {                                          // Code executed by parent
         do {
           w = waitpid(cpid, &status, WUNTRACED | WCONTINUED);
           if (w == -1) {
               perror("waitpid");
               exit(EXIT_FAILURE);
               }

           if (WIFEXITED(status)) {
               printf("exited, status=%d\n", WEXITSTATUS(status));
               } else if (WIFSIGNALED(status)) {
                   printf("killed by signal %d\n", WTERMSIG(status));
```

```
            } else if (WIFSTOPPED(status)) {
                printf("stopped by signal %d\n", WSTOPSIG(status));
            } else if (WIFCONTINUED(status)) {
                printf("continued\n");
            }
        } while (!WIFEXITED(status) && !WIFSIGNALED(status));
        exit(EXIT_SUCCESS);
    }
}
```

运行结果如下：

```
$ ./a.out &
Child PID is 32360
[1] 32359
$ kill -STOP 32360
stopped by signal 19
$ kill -CONT 32360
continued
$ kill -TERM 32360
killed by signal 15
[1]+   Done      ./a.out
$
```

请读者自己上机调试运行，以体会 wait()函数或 waitpid()函数的用法。

(3) 编写 C 语言程序，利用 fork()函数创建子进程，形成如图 10-6 所示的父子关系，并通过 ps 命令检查进程的进程号 PID 和父进程号 PPID，证明已成功创建相应的父子关系，同时也用 pstree 输出进程树结构来验证其关系。

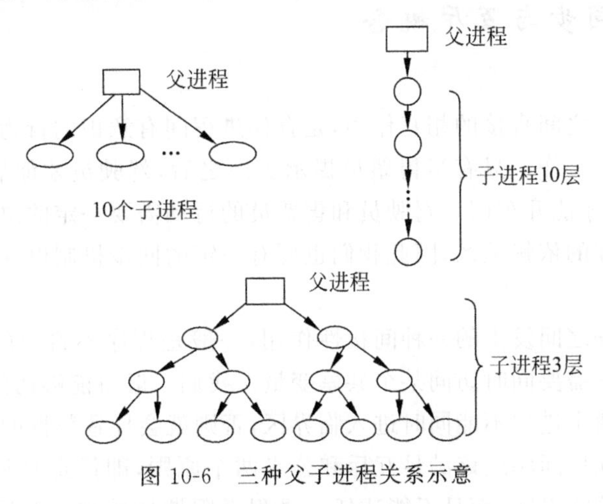

图 10-6　三种父子进程关系示意

第11章 进程同步与互斥

11.1 实验目的

(1) 理解进程同步与互斥的概念。
(2) 掌握P、V操作理论。
(3) 掌握利用P、V操作实现进程的同步与互斥。

11.2 实验环境

一台已安装好VMware软件的主机,虚拟机系统为CentOS 7。

11.3 预备知识

11.3.1 进程同步与互斥概念

1. 进程同步

进程同步是进程之间直接的相互作用,是合作进程间有意识的行为。例如,公共汽车上的驾驶员与售票员的合作。只有当售票员提示关门之后,驾驶员才能启动车辆;只有驾驶员停车之后,售票员才能开车门。驾驶员和售票员的行动需要一定的协调。同样地,两个进程之间有时也有这样的依赖关系,因此我们也要有一定的同步机制以保证它们的执行次序。

2. 进程互斥

进程互斥是进程之间发生的一种间接性作用,一般是程序不希望的。通常的情况是两个或两个以上的进程需要同时访问某个共享变量。我们一般将能够访问某个共享变量的程序段称为临界区。两个进程不能同时进入临界区,否则就会导致数据的不一致,产生与时间有关的错误。解决互斥问题应该满足互斥和公平两个原则,即任意时刻只能允许一个进程处于同一共享变量的临界区,而且不能让任一进程无限期地等待。互斥问题可以用硬件方法解决,也可以用软件方法解决。下面只讨论用软件方法解决互斥问题。

11.3.2 P、V操作与信号量

1. 理解P、V

P、V操作由P操作原语和V操作原语组成(原语是不可中断的过程),主要对信号量进

行操作。具体定义如下所述。

(1) P(S)。

① 将信号量 S 的值减 1,即 S=S-1;

② 如果 S 的值≥0,则该进程继续执行;否则该进程置为等待状态,排入等待队列。

(2) V(S)。

① 将信号量 S 的值加 1,即 S=S+1;

② 如果 S 的值>0,则该进程继续执行;否则释放队列中第一个等待信号量的进程。

P、V 操作的意义在于,我们可以用信号量及 P、V 操作来实现进程的同步和互斥。P、V 操作属于进程的低级通信。

2. 信号量

信号量(Semaphore)的数据结构为一个值和一个指针,指针指向等待该信号量的下一个进程。信号量的值与相应资源的使用情况有关。当它的值大于 0 时,表示当前可用资源的数量;当它的值小于 0 时,其绝对值表示等待使用该资源的进程个数。注意,信号量的值仅能由 PV 操作来改变。

一般来说,信号量 S 值≥0 时,S 表示可用资源的数量。执行一次 P 操作,意味着请求分配一个单位资源,因此 S 的值减 1;当 S<0 时,表示已经没有可用资源,请求者必须等待别的进程释放该类资源才能运行下去。而若执行一个 V 操作,则意味着释放一个单位资源,因此 S 的值加 1;若 S 的值<0,表示有某些进程正在等待该资源,因此要唤醒一个等待状态的进程,使它运行下去。

11.3.3 利用 P、V 操作实现进程的同步与互斥

1. 利用信号量和 P、V 操作实现进程的互斥

其一般模型是:

进程 P1	进程 P2	…	进程 P*n*
…	…		…
P(S);	P(S);		P(S);
临界区;	临界区;		临界区;
V(S);	V(S);		V(S);
…	…	…	…

其中,信号量 S 用于互斥,初值为 1。

使用 P、V 操作实现进程互斥时应该注意以下 3 点。

(1) 每个程序中用户实现互斥的 P、V 操作必须成对出现,先做 P 操作,进临界区,后做 V 操作,出临界区。若有多个分支,就要认真检查其成对性。

(2) P、V 操作应分别紧靠临界区的头尾部,临界区的代码应尽可能短,不能有死循环。

(3) 互斥信号量的初值一般为 1。

2. 利用信号量和 P、V 操作实现进程同步

P、V 操作是典型的同步机制之一。用一个信号量与一个消息联系起来,当信号量的值为 0 时,表示期望的消息尚未产生;当信号量的值为非 0 时,表示期望的消息已经存在。用 P、V 操作实现进程同步时,调用 P 操作测试消息是否到达,调用 V 操作发送消息。

使用 P、V 操作实现进程同步时应该注意以下 3 点。

(1) 分析进程间的制约关系,确定信号量种类。在保持进程间有正确的同步关系情况下,哪个进程先执行,哪些进程后执行,彼此间通过什么资源(信号量)进行协调,从而明确要设置哪些信号量。

(2) 信号量的初值与相应资源的数量有关,也与 P、V 操作在程序代码中出现的位置有关。

(3) 同一信号量的 P、V 操作要成对出现,但它们分别在不同的进程代码中。

11.4 实验步骤

11.4.1 生产者—消费者问题

在多道程序环境下,进程同步是一个十分重要又令人感兴趣的问题,而生产者—消费者问题是其中一个有代表性的进程同步问题。下面给出各种情况下的生产者—消费者问题,深入分析和透彻理解这个例子,对于全面解决操作系统内的同步、互斥问题会有很大帮助。

1. 一个生产者,一个消费者,公用一个缓冲区

定义两个同步信号量。

empty:表示缓冲区是否为空,初值为 1。

full:表示缓冲区中是否为满,初值为 0。

生产者进程:

```
while(TRUE){
生产一个产品;
    P(empty);
    产品送往 Buffer;
    V(full);
}
```

消费者进程:

```
while(True){
P(full);
    从 Buffer 取出一个产品;
    V(empty);
    消费该产品;
}
```

2. 一个生产者,一个消费者,公用 *n* 个环形缓冲区

定义两个同步信号量。

empty:表示缓冲区是否为空,初值为 n。

full:表示缓冲区中是否为满,初值为 0。

设缓冲区的编号为 $1\sim n-1$,定义两个指针 in 和 out,分别是生产者进程和消费者进程使用的指针,指向下一个可用的缓冲区。

生产者进程:

```
while(TRUE){
    生产一个产品;
    P(empty);
    产品送往 buffer(in);
    in = (in + 1)mod n;
    V(full);
}
```

消费者进程:

```
while(TRUE){
P(full);
    从 buffer(out)中取出产品;
    out = (out + 1)mod n;
    V(empty);
    消费该产品;
}
```

3. 一组生产者,一组消费者,公用 *n* 个环形缓冲区

在这个问题中,不仅生产者与消费者之间要同步,而且各个生产者之间、各个消费者之间还必须互斥地访问缓冲区。

定义 4 个信号量。

empty:表示缓冲区是否为空,初值为 n。

full:表示缓冲区中是否为满,初值为 0。

mutex1:生产者之间的互斥信号量,初值为 1。

mutex2:消费者之间的互斥信号量,初值为 1。

设缓冲区的编号为 $1\sim n-1$,定义两个指针 in 和 out,分别是生产者进程和消费者进程使用的指针,指向下一个可用的缓冲区。

生产者进程:

```
while(TRUE){
    生产一个产品;
    P(empty);
    P(mutex1);
    产品送往 buffer(in);
    in = (in + 1)mod n;
    V(mutex1);
    V(full);
}
```

消费者进程:

```
while(TRUE){
P(full)
    P(mutex2);
    从 buffer(out)中取出产品;
    out = (out + 1)mod n;
    V(mutex2);
    V(empty);
```

```
        消费该产品;
    }
```

注意,无论在生产者进程中还是在消费者进程中,两个 P 操作的次序不能颠倒。应先执行同步信号量的 P 操作;然后再执行互斥信号量的 P 操作;否则,可能造成进程死锁。

11.4.2 一个简单例子

桌上有一个空盘子,允许存放一个水果。爸爸可向盘子中放苹果,也可向盘子中放橘子,儿子专等吃盘子中的橘子,女儿专等吃盘子中的苹果。规定:当盘子空时一次只能放一个水果供吃者取用,请用 P、V 原语实现爸爸、儿子、女儿三个并发进程的同步。

分析:在本题中,爸爸、儿子、女儿共用一个盘子,盘中一次只能放一个水果。当盘子为空时,爸爸可将一个水果放入果盘中。若放入果盘中的是橘子,则允许儿子吃,女儿必须等待;若放入果盘中的是苹果,则允许女儿吃,儿子必须等待。本题实际上是生产者—消费者问题的一种变形。这里,生产者放入缓冲区的产品有两类,消费者也有两类,每类消费者只消费其中固定的一类产品。

解答:在本题中,应设置三个信号量 S、So、Sa,信号量 S 表示盘子是否为空,其初值为 1;信号量 So 表示盘中是否有橘子,其初值为 0;信号量 Sa 表示盘中是否有苹果,其初值为 0。同步描述如下:

```
int S = 1;
int Sa = 0;
int So = 0;
main()
{
   cobegin
     father();                                        //父亲进程
     son();                                           //儿子进程
    daughter();                                       //女儿进程
   coend
}
father()
{
   while(1)
   {
      P(S);
      将水果放入盘子中;
      if(放入的是橘子)V(So);
       else  V(Sa);
    }
}
son()
{
   while(1)
   {
      P(So);
      从盘子中取出橘子;
      V(S);
```

```
            吃橘子;
        }
    }
    daughter()
    {
        while(1)
        {
            P(Sa);
            从盘子中取出苹果;
            V(S);
            吃苹果;
        }
    }
```

11.5 思考与练习

A、B、C、D四个进程都要读一个共享文件F,系统允许多个进程同时读文件F。但限制是进程A和进程C不能同时读文件F,进程B和进程D也不能同时读文件F。为了使这四个进程并发执行时能按系统要求使用文件,现用P、V操作进行管理,请回答下面的问题:

(1) 应定义的信号量及初值:______________________。

(2) 在下列的程序中填上适当的P、V操作,以保证它们能正确并发工作:

```
A()          B()          C()          D()
{            {            {            {
  [1];         [3];         [5];         [7];
  read F;      read F;      read F;      read F;
  [2];         [4];         [6];         [8];
}            }            }            }
```

第12章 信号通信及管道通信

12.1 实验目的

通过运行编写程序，了解进程之间的信号同步以及进程之间的管道通信。

12.2 实验环境

一台已安装好VMware软件的主机，虚拟机系统为CentOS 7。

12.3 预备知识

进程之间的通信有信号、管道、消息队列、共享内存、信号量和套接字等方式。

12.3.1 信号通信

信号(signal，称为软中断)机制是在软件层次上对中断机制的一种模拟。该机制通常包括以下3部分。

(1) 信号的分类、产生和传送。

(2) 对各种信号预先规定的处理方式。

(3) 信号的检测和处理。

图12-1所示的是信号机制示意。

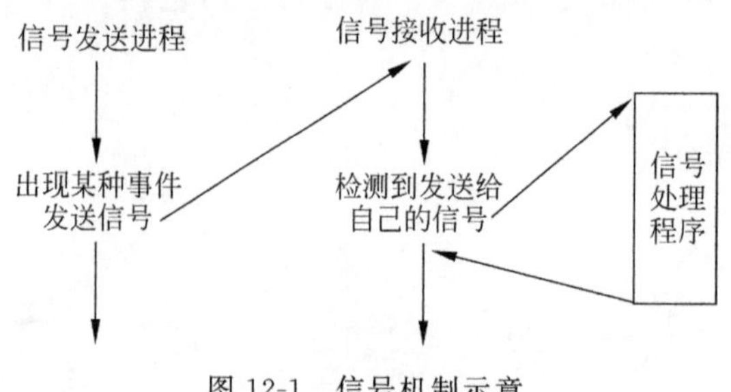

图12-1 信号机制示意

1. 信号的发送

进程间彼此可用系统提供的函数发送信号。能发送信号的系统调用函数有kill()函数、sigqueue()函数、alarm()函数等。

(1) kill()函数

原型：int kill(pid_t pid, int sig);

功能：给进程发送信号。如果发送成功，则返回值为0，否则返回−1。

(2) sigqueue()函数

原型：int sigqueue(pid_t pid, int sig, const union sigval value);

功能：比较新的发送信号系统调用，支持信号带有参数，与sigaction()函数配合使用。其中，第一个参数pid是指定接收信号的进程ID；第二个参数sig确定即将发送的信号；第三个参数是一个联合数据结构union sigval，指定了信号传递的参数。

2. 信号的安装与接收

进程要能够接收信号并做相应处理，必须在进程中安装信号。使用系统调用signal()函数或sigaction()函数可以安装信号。

(1) signal()函数

原型：typedef void (* sighandler_t)(int);
sighandler_t signal(int signum, sighandler_t handler);

功能：对捕捉到的信号进行处理。其中，函数的第一个参数signum表示要捕捉的信号；第二个参数是个函数指针，表示要对该信号进行处理的函数，该参数也可以是SIG_DEF(表示交由系统默认处理)或SIG_IGN(表示忽略掉该信号而不做任何处理)。signal如果调用成功，就返回以前该信号的处理函数的地址，否则返回SIG_ERR。

sighandler_t()是信号捕捉函数，由signal()函数注册，注册以后，在整个进程运行过程中均有效，并且对不同的信号可以注册同一个信号捕捉函数。该函数只有一个参数，表示信号值。

(2) sigaction()函数

原型：int sigaction(int signum, const struct sigaction * act, struct sigaction * oldact);

功能：用于改变进程接收到特定信号后的行为，支持信号传递参数。第一个参数signum表示要操作的信号；第二个参数act表示要设置的对信号的新处理方式，它是一个指向sigaction结构体的指针；第三个参数oldact是原来对信号的处理方式。

结构体sigaction的定义如下：

```
struct sigaction {
            void      ( * sa_handler)(int);
            void      ( * sa_sigaction)(int, siginfo_t * , void * );
            sigset_t     sa_mask;
            int          sa_flags;
            void      ( * sa_restorer)(void);
        };
```

在这个结构体中，成员sa_handler()是一个函数指针，其含义与signal()函数中的信号处理函数类似。成员sa_sigaction()则是另一个信号处理函数，它有三个参数，可以获得关于信号的更详细的信息。当sa_flags成员的值包含了SA_SIGINFO标志时，系统将使用sa_sigaction()函数作为信号处理函数，否则使用sa_handler()函数作为信号处理函数。在某些系统中，成员sa_handler与sa_sigaction被放在联合体中，因此使用时不要同时设置。sa_mask成员用来指定在信号处理函数执行期间需要被屏蔽的信号，特别是当某个信号被处理时，它自身会被自动放入进程的信号掩码。因此在信号处理函数执行期间，这个信号不会再次发生。sa_flags成员用于指定信号处理的行为，它可以是以下值的“按位或”组合。

① SA_RESTART：使被信号打断的系统调用自动重新发起。

② SA_NOCLDSTOP：使父进程在它的子进程暂停或继续运行时不会收到SIGCHLD信号。

③ SA_NOCLDWAIT：使父进程在它的子进程退出时不会收到SIGCHLD信号，这时子进程如果退出，也不会成为僵死进程。

④ SA_NODEFER：使对信号的屏蔽无效，即在信号处理函数执行期间仍能发出这个信号。

⑤ SA_RESETHAND：信号处理之后重新设置为默认的处理方式。

⑥ SA_SIGINFO：使用sa_sigaction成员而不是sa_handler作为信号处理函数。

⑦ sa_restorer成员则是一个已经废弃的数据域，不要使用。

函数返回值若为0，则表示成功；若为-1，则表示有错误发生。

3. 信号的处理

进程接到信号后，在一定时机(如中断处理末尾)做相应处理，可采取以下4种方式处理。

(1) 忽略信号。进程可忽略收到的信号，但不能忽略SIGKILL和SIGSTOP信号。

(2) 阻塞信号。进程可以选择对某些信号予以阻塞。

(3) 由进程处理该信号。用户通过signal()函数或sigaction()函数中指定的处理程序进行处理。

(4) 由系统进行默认处理。系统内核对各种信号(除用户自定义之外)都规定了相应的处理程序。在默认情况下，信号就由内核处理，即执行内核预定的处理程序。Linux系统中的信号在头文件signal.h中有定义。表12-1所示的是Linux中的部分信号的含义。

表12-1 Linux中的部分信号的含义

信号号码	符号表示	含义
1	SIGHUP	远程用户挂断
2	SIGINT	输入中断信号(按Ctrl+C键)
3	SIGQUIT	输入退出信号(按Ctrl+\键)
4	SIGILL	非法指令
5	SIGTRAP	遇到调试断点
6	SIGIOT	IOT指令
7	SIGBUS	总线超时
8	SIGFPE	浮点异常
9	SIGKILL	要求终止进程(不可屏蔽)
10	SIGUSR1	用户自定义
11	SIGSEGV	越界访问内存
12	SIGUSR2	用户自定义
13	SIGPIPE	管道文件只有写进程，没有读进程
14	SIGALRM	定时报警信号
15	SIGTERM	软件终止信号
17	SIGCHLD	子进程终止
19	SIGSTOP	进程暂停运行
30	SIGPWR	电源故障

12.3.2 管道通信

一个管道就是连接两个进程的一个打开文件。

由系统自动处理二者之间的同步、调度和缓冲。管道文件允许两个进程按先入先出(FIFO)的方式传送数据，而它们可以彼此不知道对方的存在。

每个管道只有一个内存页面用作缓冲区，该页面按环形缓冲区的方式来使用。管道通信示意图如图 12-2 所示。

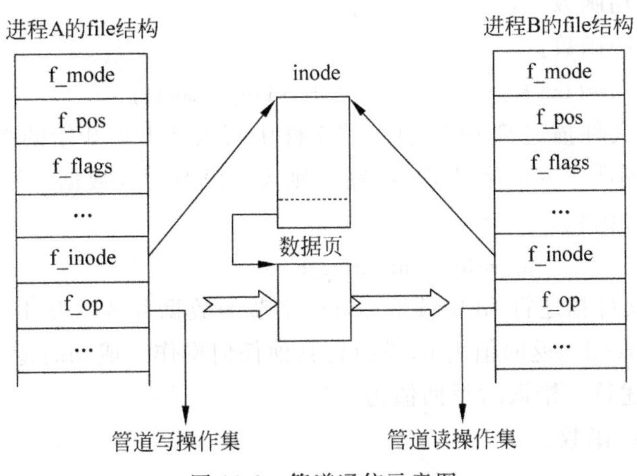

图 12-2 管道通信示意图

管道可分为无名管道和有(命)名管道。

1. 无名管道

利用系统调用 pipe()函数建立，管道文件是无名临时文件，用 pipe()函数返回的文件描述符来标识该文件。只有调用 pipe()函数的进程及其子进程，才能够识别进程创建的无名管道，才能利用管道去读写数据。

pipe 原型：

```
int pipe(int fd[2]);
```

如果管道创建成功，那么函数返回值为 0；若失败，则返回值为－1。整形数组中存储的是文件的读写标识符，fd[0]是读标识符，fd[1]是写标识符。首先，子进程使用文件标识符 fd[1]向管道中写入数据；然后，父进程使用文件标识符 fd[0]，并从管道中读取数据；当然，父进程也可以使用文件标识符 fd[1]向管道中写入数据，子进程使用文件标识符 fd[0]从管道中读取数据。其操作方式如图 12-3 所示。

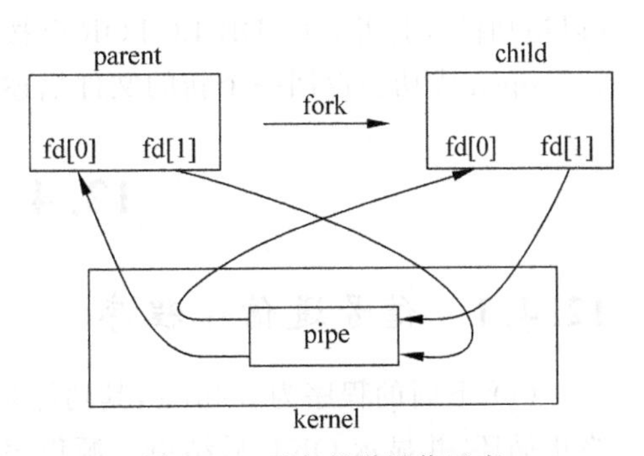

图 12-3 无名管道操作示意

2. 有名管道

无名管道不能实现不同用户进程之间的通信，而有名管道利用文件系统中可以长期存在的文件来实现，适用于所有进程之间的通信。利用系统调用 mknod()函数可以建立有名管道。

mknod 原型：

```
int mknod(const char * pathname, mode_t mode, dev_t dev);
```

如果管道创建成功，那么函数返回值为 0；若失败，则返回值为－1。参数 pathname 表示一个文件系统中的文件，先进先出；mode 指定文件的权限，权限设置可以参考 open()函数中的权限设置。参数 dev 如果不是字符设备或块设备，可以忽略。

3. 管道系统调用函数

(1) 管道 write()函数。

原型：`ssize_t write(int fd, const void * buf, size_t count);`

功能：write 向文件描述符 fd 所引用的文件中写入从 buf 开始的缓冲区中 count 字节的数据。成功时返回所写入的字节数(若为 0，则表示没有写入数据)，错误时返回－1。

(2) 管道 read()函数。

原型：`ssize_t read(int fd, void * buf, size_t count);`

功能：read 从文件描述符 fd 中读取 count 字节的数据并放入从 buf 开始的缓冲区中。如果 count 为 0，则 read()返回值为 0，不执行其他任何操作。成功时返回读取的字节数(为零表示读到文件描述符)，错误时返回值为－1。

(3) 管道 close()函数。

原型：`int close(int fd);`

功能：close 关闭一个文件描述符，使它不在指向任何文件和可以在新的文件操作中被再次使用。若 close 返回值为 0，则表示成功；若返回值为－1，则表示有错误发生。

注意，管道是一个半双工通信，在读/写之前需要先关闭另一个操作。

(4) 有名管道 open()函数

原型：`int open(const char * pathname, int flags);`

功能：open 将路径名(pathname)转换为一个文件描述符，参数 flags 是文件打开时的权限。通过 O_RDONLY(只读)、O_WRONLY(只写)或 O_RDWR(读写)与一些可选模式按位或操作得到的。常用的模式有：O_CREAT(若文件不存在，则须创建)、O_APPEND(以追加模式打开)、O_DIRECTORY(按目录方式)等。

open 成功会返回一个新的文件描述符，若有错误，则返回值为－1。

12.4 实验步骤

12.4.1 信号通信源程序

(1) 下面的程序为 hello.c，其功能是循环显示字符串“Hello!”，当按 Ctrl＋C 组合键时终止循环，并显示 OK! 后结束。源程序代码如下：

```
#include < stdio.h >
#include < stdlib.h >
#include < signal.h >
int k;
```

```
void int_func(int sig)
{
    k = 0;
    printf("int_func\n");
}

main()
{
    signal(SIGINT,int_func);
    k = 1;
    while(k == 1)
    {
        printf("Hello!\n");
    }
        printf("OK!\n");
        exit(0);
}
```

编译运行该程序,并测试效果。在理解程序的基础上,回答下面的问题:

① 修改源程序代码,要求按 3 次 Ctrl+C 组合键后才能结束。

② 如果源程序中将 signal()语句和 int_func()函数删除,重新编译程序,结果有何变化? 并分析原因。

(2) 分析如下程序 child.c,假设父进程先执行,父进程显示 3 行字符串;父进程向子进程发送软中断信号,等待子进程终止后,父进程输出结束信息"OK!",然后终止执行。子进程循环显示"I am a child!",当接收到父进程发来的软信号后会停止循环,显示"child exited!"并终止执行。分析父进程与子进程之间的同步过程。

child.c 的代码如下:

```
#include< stdio.h>
#include< stdlib.h>
#include< signal.h>

int k1;
void int_fun1()
{
     k1 = 0;
}
main()
{
     int k,p1;
     while((p1 = fork()) == -1);
     if(p1 > 0)
     {
        for(k = 1;k < 4;k++)
        {
            printf("How are you!\n");
            sleep(1);                              //延时 sleep()函数,延时 1 秒
        }
        kill(p1,12);
        wait(0);
```

```
            printf("OK!\n");
            exit(0);
        }
        else
        {
            signal(12,int_fun1);
            k1 = 1;
            while(k1 == 1)
            {
                printf("I am a child\n");
                sleep(1);
            }
            printf("Child exited!\n");
            exit(0);
        }
}
```

编译运行该程序，并测试效果。在理解程序的基础上，回答下面的问题：

① 如果把 kill()函数注释掉，结果将如何？为什么？

② 分别注释掉代码中的信号函数会有怎样的结果，为什么？

③ 把第一个 sleep(1)改成 sleep(10)又会有什么样的结果，为什么？

④ 如果一定要子进程先执行，那么该如何改写？

(3) 请分析如下程序 signal_sigint.c 的源代码，分析代码的作用和执行结果，然后上机调试执行对照。

```
#include <stdio.h>
#include <stdlib.h>
#include <unistd.h>
#include <signal.h>

//信号处理函数
void signalint(int signum)
{
    signal(SIGINT,SIG_IGN);                              //按 Ctrl + C 组合键:忽略
    printf("\nhi!The program have received signal and signum = %d;\n",signum);
}
int main()
{
    int i;
    for(i = 1;i < 6;i++)
    {
      signal(SIGINT,signalint);
      printf("i = %d\n",i);
      sleep(1);
    }
    printf("The Program End.\n");
    exit(0);
}
```

12.4.2 无名管道通信源程序

下面是一个创建无名管道的程序(un_name_pipe.c),请上机调试运行程序。

```
#include <stdio.h>
#include <stdlib.h>
#include <unistd.h>
#include <string.h>
int main()
{
  char string[] = "welcome to unnamed pipe";
  int filedes[2],pid;
  char inbuf[256];
  if(pipe(filedes)< 0)
  {
     perror("could not create unnamed pipe");
     exit(1);
  }
  if((pid = fork())< 0)
  {
     perror("could not create subprocess");
     exit(1);
  }
  if(pid > 0)
  {
     close(filedes[0]);
     write(filedes[1],string,strlen(string));
     printf("the parent process sended:\n");
     close(filedes[1]);
     //(1)
     wait(0);
  }
  if(pid == 0)
  {
     //(2)
     memset(inbuf,0,sizeof(inbuf));
     close(filedes[1]);
     sleep(5);
     read(filedes[0],inbuf,strlen(string));
     printf("the subprocess received:\n");
     printf("%s\n",inbuf);
     close(filedes[0]);
  }
  exit(0);
}
```

12.4.3 有名管道通信源程序

下面是一个创建有名管道的源程序(namepipe.c),请上机调试运行。

```
#include <stdio.h>
#include <sys/types.h>
#include <sys/stat.h>
#include <fcntl.h>
#include <unistd.h>
#include <string.h>
#include <stdlib.h>
char filename[] = "./myfifo";
char string[] = "welcome to named pipe";

int main(int argc,char *argv[])
{
  int filedes[2];
  char buf[256];
  if(mknod(filename,O_CREAT | S_IRUSR | S_IWUSR,0) == -1)        //创建命名管道
  {
    perror("mknod error");
    exit(1);
  }

  filedes[1] = open(filename,O_WRONLY);
  write(filedes[1],string,strlen(string));
  close(filedes[1]);
  printf("wrote message:|%s|\n",string);
  sleep(3);

  memset(buf,0,sizeof(buf));
  filedes[0] = open(filename,O_RDONLY);
  read(filedes[0],buf,strlen(string));
  close(filedes[0]);
  printf("read message:|%s|\n",buf);
  //unlink 的作用
  unlink(filename);
  exit(0);
}
```

12.5 思考与练习

(1) 分析本实验 12.4.2 小节中的程序的功能。并回答下面几个问题：

① 使用 wait()函数的目的是什么？

② 为什么要使用 memset()函数？

③ 查看父进程和子进程的 ID 各是多少？(提示：可以在后台执行程序,查看进程号)

(2) 分析本实验 12.4.3 小节中的程序,说明 unlink()函数的作用。

第13章 消息队列通信及共享内存通信

13.1 实验目的

(1) 掌握高级通信中消息队列通信的机制和调用方法。

(2) 掌握高级通信中共享内存通信的机制和调用方法。

13.2 实验环境

一台已安装好VMware软件的主机，虚拟机系统为CentOS 7。

13.3 预备知识

13.3.1 消息队列通信

1. 消息队列通信概述

消息队列实际上是系统内核地址空间中的一个内部链表，它允许一个或多个进程从消息队列中读出消息。每一个消息队列都用一个唯一的标识号表示。

多个独立的进程之间可以通过消息缓冲机制来相互通信，这种通信的实现是通过多进程共享同一个消息队列完成的。

发送消息的进程可以在任意时刻发送任意个消息到指定的消息队列上，同时，该发送进程还要检查是否有接收进程在等待它所发送的消息。若有，则唤醒它；而接收消息的进程可以在需要消息时到该消息队列上获取消息，若消息还没到来，则接收进程转入睡眠状态。

消息队列一旦创建后可由多个进程共享。

消息队列进行消息的发送与接收时，其同步和互斥由系统实现。

2. 消息通信涉及的函数

1) msgget()函数

原型：`int msgget(key_t key, int msgflg);`

功能：系统调用msgget()函数将创建一个消息队列或获取已存在消息队列的标识。参数key表示消息队列对象的关键字，为一个正整数，函数将它与已有的消息队列对象的关键字进行比较来判断消息队列对象是否已经创建。msgflg表示函数的具体操作，可以取IPC_CREAT和IPC_EXCL两个值。

(1) IPC_CREAT。如果消息队列对象不存在,则创建,否则进行打开操作。

(2) IPC_EXCL。通常和 IPC_CREAT 一起使用(用"|"连接)。表示若消息对象不存在,则须创建;否则产生一个错误并返回。

说明:如果单独使用 IPC_CREAT 标志,msgget()函数要么返回一个已经存在的消息队列对象的标识符,要么返回一个新建立的消息队列对象的标识符。如果将 IPC_CREAT 和 IPC_EXCL 标志一起使用,msgget()函数将返回一个新建的消息对象的标识符,或者返回值为-1,表示消息队列对象已经存在。IPC_EXCL 标志本身并没有太大的意义,但和 IPC_CREAT 标志一起使用可以用来保证所得的消息队列对象是新创建的,而不是打开的已有的对象。

除了以上的两个标志以外,在 msgflg 标志中还可以有存取权限控制符。这种控制符的意义和文件系统中的权限控制符是类似的。例如:

msgid=msgget(1234,0666|IPC_CREAT);创建或获取一个 key 值为 1234,权限为可读可写的消息队列。

2) fgets()函数

原型:`char * fgets(char * s, int size, FILE * stream);`

功能:从文件结构体指针 stream 中读取数据,每次读取一行。读取的数据保存在 s 指向的字符数组中,每次最多读取 size-1 个字符(第 size 个字符赋'\0'),如果文件中的该行不足 size-1 个字符,则读完该行就结束。如若该行(包括最后一个换行符)的字符数超过 size-1 个,则 fgets()函数只返回一个不完整的行。但是,缓冲区总是以 NULL 字符结尾,对 fgets 的下一次调用会继续读该行。若函数成功,则将返回 s;若失败或读到文件结尾,则返回 NULL。

因此,不能直接通过 fgets()函数的返回值来判断函数是否是出错,而应该借助 feof()函数或者 ferror()函数来进行判断。例如:

函数可以这样使用,从键盘输入:fgets(key,n,stdin)。

其中,stdin 为标准输入,即键盘;n 为读取指定大小的数据,避免溢出;key 为键盘输入接收变量,即存储的字符数组。

3) msgsnd()函数

原型:`int msgsnd(int msqid, const void * msgp, size_t msgsz, int msgflg);`

功能:系统调用 msgsnd()函数将一个新的消息 msgp 写入标识符为 msqid 的队列中。如若成功,则返回值为 0;若失败,则返回值为-1;错误原因存于 error 中。

[说明]

(1) msqid 表示消息队列的识别码。

(2) msgp 表示指向消息缓冲区的指针,此位置用来暂时存储发送和接收的消息,是一个用户可定义的通用结构。其形态如下:

```
struct msgbuf {
long mtype;                                   // 消息类型,必须大于 0
char mtext[1];                                // 消息文本
};
```

(3) msgsz 表示消息的大小。

(4) msgflg 参数是控制函数行为的标志,取值如表 13-1 所示。

表 13-1 msgflg 参数的取值及含义

取 值	含 义
0	当消息队列满时,msgsnd 将会阻塞,直到消息能写进消息队列
IPC_NOWAIT	当消息队列已满的时候,msgsnd()函数不等待便立即返回
IPC_NOERROR	若发送的消息大于 msgsz 字节,则把该消息截断,截断部分将被丢弃,且不通知发送进程

4) msgrcv()函数

原型: `ssize_t msgrcv(int msqid, void *msgp, size_t msgsz, long msgtyp, int msgflg);`

功能: 系统调用 msgrcv()函数和 msgsnd()函数正好相反,从标识符为 msqid 的消息队列中读取消息并存于 msgp 中,读取后把此消息从消息队列中删除。如果成功,就返回实际读取到的消息数据长度;如果失败,就返回值为−1,错误原因存于 error 中。

参数说明:

(1) msqid 表示消息队列的识别码。

(2) msgp 是存放消息的结构体,结构体类型与 msgsnd()函数发送的类型相同。

(3) msgsz 表示要接收消息的大小。

(4) msgtyp 的取值如表 13-2 所示。

表 13-2 msgtyp 参数的取值及含义

取 值	含 义
0	接收第一个消息
>0	接收类型等于 msgtyp 的第一个消息
<0	接收类型小于或等于 msgtyp 绝对值的第一个消息

(5) msgflg 参数依然是控制函数行为的标志,其取值如表 13-3 所示。

表 13-3 msgflg 参数的取值及含义

取 值	含 义
0	阻塞式接收消息,若没有该类型的消息,则 msgrcv()函数一直会阻塞等待
IPC_NOWAIT	如果队列中没有满足条件的消息,就立即返回,此时错误码为 ENOMSG
IPC_EXCEPT	与 msgtype 配合,使用返回队列中第一个类型不为 msgtype 的消息
IPC_NOERROR	如果队列中满足条件的消息内容大于所请求的 msgsz 字节,就把该消息截断,截断部分将被丢弃

5) msgctl 函数

原型: `int msgctl(int msqid, int cmd, struct msqid_ds *buf);`

功能: 系统调用 msgctl()函数用于获取和设置消息队列的属性。若成功,则返回值为 0;若失败,则返回值为−1,错误原因存于 error 中。

参数说明:

(1) msqid 表示消息队列标识符。

(2) cmd 表示命令的类型,常用取值如表 13-4 所示。

表 13-4　cmd 参数常用的取值及含义

取　值	含　义
IPC_STAT	获得 msgid 的消息队列头数据到 buf 中
IPC_SET	设置消息队列的属性,要设置的属性需先存储在 buf 中,可设置的属性包括: msg_perm. uid、msg_perm. gid、msg_perm. mode 以及 msg_qbytes 等
IPC_RMID	撤销消息队列

(3) buf 表示消息队列管理结构体,其定义可参考 man 帮助手册页。man 手册页中的定义如下:

```
The msqid_ds data structure is defined in <sys/msg.h> as follows:
struct msqid_ds {
  struct ipc_perm msg_perm;          // Ownership and permissions
  time_t          msg_stime;         // Time of last msgsnd(2)
  time_t          msg_rtime;         // Time of last msgrcv(2)
  time_t          msg_ctime;         // Time of last change
  unsigned long   __msg_cbytes;      // Current number of bytes in queue (nonstandard)
  msgqnum_t       msg_qnum;          // Current number of messages in queue
  msglen_t        msg_qbytes;        // Maximum number of bytes allowed in queue
  pid_t           msg_lspid;         // PID of last msgsnd(2)
  pid_t           msg_lrpid;         // PID of last msgrcv(2)
};
```

13.3.2　共享内存通信

1. 共享内存概述

1) 共享内存的概念

所谓共享内存,就是多个进程可以访问同一块内存空间;其他进程能把同一段共享内存段"链接到"它们自己的地址空间里去;所有进程都能访问共享内存中的地址。如果一个进程向这段共享内存写了数据,所做的改动会即时被有访问同一段共享内存的其他进程看到。

2) 共享内存通信的特点

共享内存通信的特点主要包括:

(1) 多个进程附接到同一共享内存,均可直接访问,以实现进程间的相互通信;

(2) 通信速度快,省去了信息缓冲通信中的复制环节;

(3) 作为"私有"内存,操作系统无法干预,因此进程间的同步和互斥,只能采用其他方法解决(如信号量)。

2. 共享内存通信涉及的函数

1) shmget()函数

原型: `int shmget(key_t key, size_t size, int shmflg);`

功能:系统调用 shmget()函数用于得到一个共享内存标识符或创建一个共享内存对象并返回共享内存标识符。若成功,则返回共享内存的标识符;若出错,则返回值为-1,错误原因存于 error 中。

参数说明：

(1) key 表示共享关键字，即键值，其值由用户指定或创建。其取值如表 13-5 所示。

表 13-5 key 参数的取值及含义

取　值	含　义
0(IPC_PRIVATE)	会建立新共享的内存对象
大于 0 的 32 位整数	视参数 shmflg 来确定操作。通常要求此值来源于 ftok 返回的 IPC 键值

(2) size 表示共享内存大小，取值如表 13-6 所示。

表 13-6 size 参数的取值及含义

取　值	含　义
0	只获取共享内存
大于 0 的整数	新建的共享内存大小，以字节为单位

(3) shmflg 表示共享内存访问方式(权限)，取值如表 13-7 所示。

表 13-7 shmflg 参数的取值及含义

取　值	含　义
0	取共享内存标识符，若不存在，则函数会报错
IPC_CREAT	当 shmflg & IPC_CREAT 为真时，如果内核中不存在键值与 key 相等的共享内存，那么新建一个共享内存；如果存在这样的共享内存，那么返回此共享内存的标识符
IPC_CREAT|IPC_EXCL	如果内核中不存在键值与 key 相等的共享内存，就新建一个共享内存；如果存在这样的共享内存，就报错

例如：

```
shmid = shmget(1234,BUFSIZ,0666|IPC_CREAT);
```

说明：创建一个 key 值为 1234 的可读写共享存储区 shmid，内存大小为 BUFSIZ(事先定义的宏)。

2) shmat()函数

原型：`void * shmat(int shmid, const void * shmaddr, int shmflg);`

功能：系统调用 shmat()函数用于连接共享内存标识符为 shmid 的共享内存，连接成功后把共享内存区对象映射到调用进程的地址空间，随后可像本地空间一样访问。如果成功，则返回附加好的共享内存地址；否则，返回值为－1，错误原因存于 error 中。

[说明]

(1) shmid 表示共享内存标识符。

(2) shmaddr 用于指定共享内存出现在进程内存地址的什么位置。如果直接指定为 NULL，则内核自己决定一个合适的地址位置。

(3) shmflg 表示读写权限。如果值为 SHM_RDONLY，则以只读方式连接此段；否则以读写的方式连接此段(例如，取 0 表示可读可写)。

3）shmdt()函数

原型：int shmdt(const void * shmaddr);

功能：系统调用shmdt()函数用于断开与共享内存附加点的地址，禁止本进程访问此片共享内存，其作用正好与shmat()函数相反。如果成功，则返回0；否则返回值为-1，错误原因存于error中。

[说明]

shmaddr表示连接的共享内存的起始地址。

4）shmctl()函数

原型：int shmctl(int shmid, int cmd, struct shmid_ds * buf);

功能：系统调用shmctl()函数用于完成对共享内存的控制。如果成功，则返回值为0；否则返回值为-1，错误原因存于error中。

[说明]

(1) shmid表示共享内存标识符。

(2) cmd规定操作的类型，常用取值如表13-8所示。

表13-8　cmd参数的常用取值及含义

取　值	含　义
IPC_STAT	得到共享内存的状态，把共享内存的shmid_ds结构复制到buf中
IPC_SET	改变共享内存的状态，把buf所指的shmid_ds结构中的uid、gid、mode复制到共享内存的shmid_ds结构内
IPC_RMID	删除这片共享内存

(3) buf是共享内存管理结构体，具体说明可参见man手册页。man手册页中的定义是这样的：

```
The buf argument is a pointer to a shmid_ds structure, defined in < sys/shm.h > as follows:
struct shmid_ds {
    struct ipc_perm shm_perm;       // Ownership and permissions
    size_t          shm_segsz;      // Size of segment (bytes)
    time_t          shm_atime;      // Last attach time
    time_t          shm_dtime;      // Last detach time
    time_t          shm_ctime;      // Last change time
    pid_t           shm_cpid;       // PID of creator
    pid_t           shm_lpid;       // PID of last shmat(2)/shmdt(2)
    shmatt_t        shm_nattch;     // No. of current attaches
    ...
};
```

13.4　实验步骤

13.4.1　消息队列通信

利用消息缓冲通信方式，可实现消息的发送与接收。发送进程sndfile.c将要发送的消息从键盘输入，每输入一行就作为一条消息发送，用 end 结束消息；接收进程 rcvfile.c 从消息队列逐个接收信息并显示，用 end 结束消息。下面假设消息队列的 key 值为 1234 为例来进行编码。

1. 发送进程参考代码(sndfile.c)

```
#include<stdio.h>
#include<stdlib.h>
#include<string.h>
#include<unistd.h>
#include<sys/types.h>
#include<linux/msg.h>
#define MAXMSG 512
struct my_msg                                       //定义消息缓冲区数据结构
{
     long int my_msg_type;
     int i;
     char some_text[MAXMSG];
}msg;

main()
{
     int msgid;                                     //定义消息缓冲区内部标识
     char buffer[BUFSIZ];                           //定义用户缓冲区
     msgid=msgget(1234,0666|IPC_CREAT);             //创建消息队列,key 为 1234
     while(1)
     {
          puts("Enter some text:");                 //提示键盘输入消息
          fgets(buffer,BUFSIZ,stdin);               //标准输入送 buffer
          msg.i++;
          printf("i=%d\n",msg.i);
          msg.my_msg_type=3;
          strcpy(msg.some_text,buffer);             //buffer 中的内容送消息缓冲区
          msgsnd(msgid,&msg,MAXMSG,0);              //发送消息到消息队列
          if(strncmp(msg.some_text,"end",3)==0)     //用 end 结束消息
               break;
     }
     exit(0);
}
```

2. 接收进程参考代码(rcvfile.c)

```
#include<stdio.h>
#include<stdlib.h>
#include<string.h>
#include<unistd.h>
#include<sys/types.h>
#include<linux/msg.h>
#define MAXMSG 512
struct my_msg                                       //定义消息缓冲区数据结构
{
```

```
    long int my_msg_type;
    int i;
    char some_text[MAXMSG];
}msg;

main()
{
    int msgid;
    msg.my_msg_type = 3;
    msgid == msgget(1234,0666|IPC_CREAT);                    //获取消息队列,key为1234
    while(1)
    {
        msgrcv(msgid,&msg,BUFSIZ,msg.my_msg_type,0);      //接收消息
        printf("You wrote: %s and i = %d\n",msg.some_text,msg.i);     //显示消息
        if(strncmp(msg.some_text,"end",3) == 0)                      //用end结束消息
        break;
    }
    msgctl(msgid,IPC_RMID,0);                                         //删除消息队列
    exit(0);
}
```

要求：在计算机上编译运行程序,并观察显示效果。

13.4.2 共享内存通信

利用共享内存的方式,可实现13.4.1小节中的基本目标。

1. 发送进程参考代码(sndshm.c)

```
#include<stdio.h>
#include<stdlib.h>
#include<string.h>
#include<unistd.h>
#include<sys/types.h>
#include<sys/shm.h>
main()
{
    int shmid;
    char *viraddr;
    char buffer[BUFSIZ];
    shmid = shmget(1234,BUFSIZ,0666|IPC_CREAT);                //创建共享内存
    viraddr = (char *)shmat(shmid,0,0);                        //附接到共享内存
    while(1)
    {
        puts("Enter some text:");                              //提示用户输入信息
        fgets(buffer,BUFSIZ,stdin);                            //将标准输入送入缓冲区中
        strcat(viraddr,buffer);                                //采用追加方式写入共享内存
        if(strncmp(buffer,"end",3) == 0)                       //当输入end后终止循环
        break;
    }
    shmdt(viraddr);                                            //切断与共享内存的连接
    exit(0);
}
```

2. 接收进程参考代码(rcvshm.c)

```
#include< stdio.h>
#include< stdlib.h>
#include< string.h>
#include< unistd.h>
#include< sys/types.h>
#include< sys/shm.h>
main()
{
    int shmid;
    char *viraddr;
    shmid = shmget(1234,BUFSIZ,0666|IPC_CREAT);          //创建共享内存
    viraddr = (char *)shmat(shmid,0,0);                  //附接到共享内存
    printf("Your message is : %s",viraddr);              //输出共享内存的内容
    shmdt(viraddr);                                      //切断与共享内存的连接
    shmctl(shmid,IPC_RMID,0);                            //释放共享内存
    exit(0);
}
```

要求：在计算机上编译运行程序，并观察显示效果。

13.5 思考与练习

尝试使用发送与接收不一样的 key 值或者设为 0，看看是怎样的结果。分析一下原因。

第14章 信号量通信

14.1 实验目的

掌握信号量集的概念和通信过程，使用信号量集实现进程间的同步。

14.2 实验环境

一台已安装好VMware软件的主机，虚拟机系统为CentOS 7。

14.3 预备知识

14.3.1 信号量集的概念

当任务需要与多个事件同步时，即需要根据多个逻辑信号量组合作用的结果来决定任务的运行方式，这时就需要定义一种特殊的数据结构——信号量集（Semaphore）——来专门用于此类事务的管理。

信号量集是一个IPC对象，拥有一个ipc_perm结构及唯一的key值；与其他IPC对象一样，也拥有一个专门的数据结构，用于管理信号量集。

14.3.2 信号量集涉及的函数及结构

1. 对信号量P、V操作的sembuf结构数组

```
struct sembuf {
unsigned short sem_num;             //信号量编号,第一个信号量为0,以此类推
short     sem_op;                   //信号量操作
short     sem_flag;                 //操作模式
};
```

例如：`struct sembuf P,V;`

表示定义两个P、V操作符，并对信号量进行操作。

[说明]

(1) sem_op表示信号量操作类型。其取值及含义如表14-1所示。

表 14-1　信号量操作类型取值及含义

sem_op 的值	含　　义
<0	代表 P 操作,信号量值减去|sem_op|。如果结果≥0,则表示该进程可进入临界资源;如果结果<0,且未指定 IPC_NOWAIT,则进程挂起,插入 sem_queues,直到条件满足,否则错误返回
>0	代表 V 操作,如果为互斥操作,则需释放该临界资源。系统会把 sem_op 的值加到该信号量的当前值上
=0	该进程进入睡眠,直到信号量为 0

(2) sem_flag 为信号量操作的属性标志,其取值如表 14-2 所示。

表 14-2　信号量操作模式取值

sem_flag 的值	含　　义
IPC_NOWAIT	以非阻塞方式操作信号量
SEM_UNDO	要求内核为信号量操作保留恢复值

2. arg 参数联合体 semun

```
union semun {
    int val;                          // 信号量的值,供命令 SETVAL 使用
    struct semid_ds   * buf;
//指向 semid_ds 结构,用于 IPC_STAT 和 IPC_SET 操作
    unsigned short    * array;
//通过 array 获取或设置信号量集中所有信号量的值
    struct seminfo __ user * __ buf;
// 存放获取的信号量集的信息
    void * __ pad;                    // 系统内部使用
};
```

3. semget()函数

原型: int semget(key_t key, int nsems, int semflg);

功能:系统调用 semget()函数用于得到一个信号量集标识符或创建一个信号量集对象,并返回信号量集标识符。如果成功,则返回信号量集的标识符;如果失败,则返回值为-1,错误原因存于 error 中。

[说明]

(1) key 表示信号量集的值,其取值及含义如表 14-3 所示。

表 14-3　key 参数取值及含义

取　　值	含　　义
0(IPC_PRIVATE)	会建立新信号量集对象
大于 0 的 32 位整数	视参数 semflg 来确定操作,通常要求此值来源于 ftok 返回的 IPC 键值

(2) nsems 表示创建信号量集中信号量的个数,该参数只在创建信号量集时有效。

(3) msgflg 仅当 key 不为 IPC_PRIVATE 时有效,其取值及含义如表 14-4 所示。

表 14-4 msgflg 参数取值及含义

取 值	含 义
0	取信号量集标识符,若不存在,则函数会报错
IPC_CREAT	当 semflg & IPC_CREAT 为真时,如果内核中不存在键值与 key 相等的信号量集,则新建一个信号量集;如果存在这样的信号量集,则返回此信号量集的标识符
IPC_CREAT|IPC_EXCL	如果内核中不存在键值与 key 相等的信号量集,则新建一个消息队列;如果存在这样的信号量集,则报错

4. semctl()函数

原型:`int semctl(int semid, int semnum, int cmd, ...);`

功能:系统调用 semctl()函数用于得到一个信号量集标识符或创建一个信号量集对象并返回信号量集标识符。函数可以有 3 个或 4 个参数,依赖于 cmd 的值。当有 4 个参数时,第 4 个参数是 union semun 类型(union semun 的定义可参见 2 部分)。若调用成功,则返回值依赖于参数 cmd,其值可能大于或等于 0;若调用失败,则返回－1,错误原因存于 error 中。

[说明]

(1) semid 表示信号量集标识符。

(2) semnum 表示信号量集数组上的下标,代表某一个信号量。

(3) cmd 是指定函数的操作类型,其取值及含义如表 14-5 所示。

表 14-5 cmd 参数取值及含义

取 值	含 义
IPC_STAT	从信号量集上检索 semid_ds 结构,并存到 semun 联合体参数的成员 buf 的地址中
IPC_SET	设置一个信号量集合的 semid_ds 结构中 ipc_perm 域的值,并从 semun 的 buf 中取出值
IPC_RMID	从内核中删除信号量集合
GETALL	从信号量集合中获得所有信号量的值,并把其整数值存到 semun 联合体成员的一个指针数组中
GETNCNT	返回当前等待资源的进程个数
GETPID	返回最后一个执行系统调用 semop()进程的 PID
GETVAL	返回信号量集合内单个信号量的值
GETZCNT	返回当前等待 100%资源利用的进程个数
SETALL	与 GETALL 正好相反
SETVAL	用联合体中 val 成员的值设置信号量集合中单个信号量的值

5. semop()函数

原型:`int semop(int semid, struct sembuf *sops, unsigned nsops);`

功能:系统调用 semop()函数用于对信号量集标识符为 semid 中的一个或多个信号量进行 P 操作或 V 操作。如果成功,就返回信号量集的标识符;如果失败,就返回－1,错误原因存于 error 中。

[说明]

(1) semid 表示信号量集标识符,可由 semget()函数获得。

(2) sops 为指向进行操作的信号量集结构体数组的首地址，该数组中每个元素描述一次信号量操作。此结构体的具体定义如下：

```
struct sembuf {
    short semnum;                    //信号量集合中的信号量编号,0 代表第 1 个信号量
    short sem_op;
//若 sem_op > 0 进行 V 操作,信号量值加 sem_op,表示进程释放控制的资源
//若 sem_op < 0 进行 P 操作,信号量值减 sem_op,若(semval - sem_op)< 0(semval 为该信号量值),
//则调用进程阻塞,直到资源可用;若设置 IPC_NOWAIT,则进程不会睡眠,进程直接返回 EAGAIN 错误
//若 sem_op == 0 时,阻塞等待信号量为 0,调用进程进入睡眠状态,直到信号值为 0;若设置 IPC_
//NOWAIT,进程不会睡眠,直接返回 EAGAIN 错误
    short flag;
//设置信号量的默认操作,有 IPC_NOWAIT 和 SEM_UNDO 两个值。其中 IPC_NOWAIT 选项表示设置信号
//量操作不等待;SEM_UNDO 选项会让内核记录一个与调用进程相关的 UNDO 记录,如果该进程崩溃,
//则根据这个进程的 UNDO 记录自动恢复相应信号量的计数值
};
```

(3) nsops 为进行操作信号量的个数，即 sops 结构变量的个数，需大于或等于 1。最常见的设置为此值等于 1，表示只完成对一个信号量的操作。

例如：只有 1 个元素的 P、V 操作。

```
struct  sembuf P,V;
semop(semid,&P,1);
semop(semid,&V,1);
```

14.4 实验步骤

(1) 分析如下代码(sem_mutex.c)，理解通过信号量实现进程互斥的过程。

```
#include <stdio.h>
#include <stdlib.h>
#include <unistd.h>
#include <sys/types.h>
#include <sys/sem.h>
union semun
{
 int val;
 struct semid_ds  * buf;
 unsigned short  * array;
}arg;

int mutexid;
//利用信号量集实现进程互斥
int main()
{
    int chld,i,j,n = 0;
    struct sembuf P,V;
    //创建只含有一个信号的信号量集
    mutexid = semget(IPC_PRIVATE,1,IPC_CREAT|0666);
```

```
    arg.val = 1;
    if(semctl(mutexid,0,SETVAL,arg) == 1)                    //给信号量赋初值
         perror("semctl setval error");
    P.sem_num = 0;                                           //P、V 操作的定义
    P.sem_op = -1;
    P.sem_flg = SEM_UNDO;
    V.sem_num = 0;
    V.sem_op = 1;
    V.sem_flg = SEM_UNDO;
    while((chld = fork()) == -1);                            //创建子进程
    if(chld > 0)                                             //父进程返回
    {
         i = 1;
         while(i <= 3)                                       //循环三次
         {
             sleep(1);
             semop(mutexid,&P,1);                            //进入临界区前执行 P 操作
             printf("prnt in\n");
             sleep(1);
             printf("prnt out\n");
             semop(mutexid,&V,1);                            //出临界区执行 V 操作
             i++;
         }
         wait(0);                                            //等待子进程终止
         semctl(mutexid,IPC_RMID,0);                         //撤销信号量
         exit(0);
    }
    else                                                     //子进程返回
    {
         j = 1;
         while(j <= 3)                                       //循环三次
         {
             sleep(1);
             semop(mutexid,&P,1);                            //进入临界区前执行 P 操作
             printf("chld in\n");
             sleep(1);
             printf("chld out\n");
             semop(mutexid,&V,1);                            //出临界区执行 V 操作
             j++;
         }
         exit(0);                                            //子进程终止
    }
}
```

要求：在计算机上编译运行程序，并观察显示效果。

(2) 分析如下代码(sem_syn.c)，理解通过信号量实现进程同步的过程。

```
#include <stdio.h>
#include <stdlib.h>
#include <string.h>
#include <unistd.h>
```

```
#include<sys/types.h>
#include<sys/sem.h>
#include<sys/shm.h>
//定义信号量数据结构
union semun
{
 int val;
 struct semid_ds *buf;
 unsigned short *array;
}arg;

//利用信号量实现进程同步
int emptyid;                                    //定义信号量内部标识
int fullid;
main()
{
    int chld,shmid;
    struct sembuf P,V;
    char *viraddr;
    char buffer[BUFSIZ];
    emptyid=semget(IPC_PRIVATE,1,IPC_CREAT|0666);
    fullid=semget(IPC_PRIVATE,1,IPC_CREAT|0666);
    arg.val=1;
    if(semctl(emptyid,0,SETVAL,arg)==-1)
        perror("semctl setval error");
    arg.val=0;
    if(semctl(fullid,0,SETVAL,arg)==-1)
        perror("semctl setval error");
    P.sem_num=0;
    P.sem_op=-1;
    P.sem_flg=SEM_UNDO;
    V.sem_num=0;
    V.sem_op=1;
    V.sem_flg=SEM_UNDO;
    shmid=shmget(IPC_PRIVATE,BUFSIZ,0666|IPC_CREAT);//创建共享内存
    viraddr=(char*)shmat(shmid,0,0);
    while((chld=fork())==-1);
    if(chld==0)
    {
        while(1)
        {
            semop(emptyid,&P,1);
            puts("Enter your text:");
            fgets(buffer,BUFSIZ,stdin);
            strcpy(viraddr,buffer);
            semop(fullid,&V,1);
            if(strncmp(viraddr,"end",3)==0)
            {
                sleep(1);
                break;
            }
```

```
        }

        printf("Child exit!\n");
        exit(0);
        }

    else{
        while(1)
        {
            semop(fullid,&P,1);
            printf("Your message is :\n%s",viraddr);
            semop(emptyid,&V,1);
            if(strncmp(viraddr,"end",3) == 0)
                break;
        }
        wait(0);
        shmdt(viraddr);
        shmctl(shmid,IPC_RMID,0);
        semctl(emptyid,IPC_RMID,0);
        semctl(fullid,IPC_RMID,0);
        printf("Parent exit!\n");
        exit(0);
        }

    }
```

要求：在计算机上编译运行程序，观察程序显示效果。

14.5 思考与练习

(1) 一个信号量集中包含多个信号量，结合共享内存说明如何实现进程间的同步和互斥。

(2) 尝试把 14.4 节中的第(2)个程序拆分成两个文件，通过信号量集来实现共享内存通信的进程同步和互斥。

第15章 套接字通信

15.1 实验目的

掌握通过套接字(Socket)来实现不同计算机进程间的网络通信过程。

15.2 实验环境

一台已安装好VMware软件的主机,虚拟机系统为CentOS 7。

15.3 预备知识

15.3.1 socket概述

1. socket概念

在Linux中,网络编程是通过socket接口来进行的。socket是特殊的I/O接口,文件描述符,是常用进程之间的通信机制。通过它不仅能实现本地机器上的进程之间的通信,而且能够实现不同机器上的进程之间的通信。

2. socket类型

常见的socket类型主要包括:

(1) 流式socket(SOCK_STREAM)。这是一种基于TCP的socket,提供给应用层可靠的流式数据服务。

(2) 数据报socket(SOCK_DGRAM)。这是一种基于UDP的socket,适用于数据传输可靠性要求不高的场合。

(3) 原始socket(SOCK_RAW)。原始套接字可以读写内核没有处理的IP数据包;流套接字只能读取TCP的数据;数据报套接字只能读取UDP的数据。如果要访问其他协议发送的数据,就必须使用原始套接字。

15.3.2 socket编程所涉及的基本函数

1. socket()函数

原型:`int socket(int domain, int type, int protocol);`

功能：系统调用 socket()函数会建立一个协议簇为 domain，协议类型为 type，协议编号为 protocol 的 socket 连接。如果函数调用成功，就会返回一个标识这个套接字的文件描述符，如果函数调用失败，就返回值为－1。

[说明]

(1) domain 参数用于设置网络通信的域，函数 socket 根据这个参数选择通信协议的簇。通信协议簇在文件 sys/socket.h 中定义。其取值及含义如表 15-1 所示。

表 15-1　domain 参数常用取值及含义

取　值	含　义
AF_UNIX，AF_LOCAL	本地通信
AF_INET	IPv4 Internet 协议
AF_INET6	IPv6 Internet 协议
AF_NETLINK	内核用户界面设备
AF_PACKET	底层包访问

(2) type 用于设置套接字通信的类型，主要有 SOCKET_STREAM(流式套接字)，SOCK_DGRAM(数据包套接字)等。详细取值及含义如表 15-2 所示。

表 15-2　type 参数取值及含义

取　值	含　义
SOCK_STREAM	TCP 连接，提供序列化的、可靠的、双向连接的字节流
SOCK_DGRAM	支持 UDP 连接(无连接状态的消息)
SOCK_SEQPACKET	序列化包，提供一个序列化的、可靠的、双向的基本连接的数据传输通道，数据长度固定。每次调用读系统调用时数据需要将全部数据读出
SOCK_RAW	RAW 类型，提供原始网络协议访问
SOCK_RDM	提供可靠的数据报文，不过数据可能会有乱序

(3) protocol 参数用于制定某个协议的特定类型，即 type 类型中的某个类型。通常某协议中只有一种特定类型，这样 protocol 参数仅能设置为 0；但是有些协议有多种特定的类型，就需要设置这个参数来选择特定的类型。protocol 的取值及含义如表 15-3 所示。

表 15-3　protocol 参数取值及含义

取　值	含　义
IPPROTO_IP	IP：网际协议
IPPROTO_TCP	TCP：传输控制协议
IPPROTO_UDP	UDP：用户数据报协议
IPPROTO_SCTP	SCTP：控制流传输协议
IPPROTO_ICMP	ICMP：Internet 控制消息协议
IPPROTO_IGMP	IGMP：Internet 组管理协议

一般情况下，IPPROTO_TCP、IPPROTO_UDP 和 IPPROTO_ICMP 用得最多。对于 UDP，protocol 就取 IPPROTO_UDP；对于 TCP，protocol 就取 IPPROTO_TCP。一般情

况下，我们可以让 protocol 等于 0，系统就会给它默认的协议。但是要是使用 raw socket 协议，protocol 就不能简单设为 0，而是要与 type 参数匹配。

2. bind()函数

原型：`int bind(int socket, const struct sockaddr * address, socklen_t address_len);`

功能：bind()函数为套接字 socket 指定本地地址 address，address 的长度为 address_len（字节）。一般来说，在使用 SOCK_STREAM 套接字建立连接之前总要使用 bind 为其分配一个本地地址，可以理解为绑定。若函数执行成功，则返回值为 0；否则返回值为 −1，并设置错误代码。

[说明]

(1) socket 表示服务器或者客户端自己创建的 socket。

(2) address 表示服务器或者客户端自己的地址信息（协议簇、IP、端口号），它是一个指向 sockaddr 结构体的指针。

(3) address_len 表示 address 指向的结构体地址信息的长度。

3. listen()函数

原型：`int listen(int socket, int backlog);`

功能：listen()函数在一个套接字上监听连接并且创建一个等待队列，在其中存放未处理的客户端连接。listen 调用仅适用于 SOCK_STREAM 或者 SOCK_SEQPACKET 类型的套接字。若函数执行成功，则返回值为 0；若错误，则返回值为 −1，并设置错误代码。

[说明]

(1) socket 表示被 listen()函数作用的套接字，由之前的 socket()函数创建并返回。

(2) backlog 这个参数为未处理的客户端连接队列的数目。

4. connect()函数

原型：`int connect(int socket, const struct sockaddr * address, socklen_t address_len);`

功能：connect()函数是客户端通过 socket 套接字连至参数 address 指定的网络地址。若成功，则返回值为 0；否则返回值为 −1，错误原因存于 errno 中。

[说明]

(1) socket 表示发起连接的套接字编号，通常是客户端的套接字。

(2) address 表示需要连接到（通常是服务器端）的地址信息。

(3) address_len 为 address 指向的地址结构体的长度。

5. accept()函数

原型：
```
int accept(int socket, struct sockaddr * restrict address,
           socklen_t * restrict address_len);
```

功能：accept()函数用于等待并接收客户端的连接请求，通常服务器从等待队列中取出第一个未处理的连接请求。若没有错误产生，则返回值对应客户端套接字标识；否则，返回值为 −1，错误原因保存在 error 中。

[说明]

(1) socket 参数用来标识服务端套接字（通常就是 listen()函数中设置为监听状态的套接字）。

(2) address 参数用来保存客户端套接字对应的地址信息（包括客户端 IP 和端口信息等）。

(3) address_len参数是address指向的地址结构体的长度。

6. send()函数、sendto()函数、sendmsg()函数

原型:
```
int send(int s, const void * msg, size_t len, int flags);
int sendto(int s, const void * msg, size_t len, int flags, const struct
        sockaddr * to, socklen_t tolen);
int sendmsg(int s, const struct msghdr * msg, int flags);
```

功能：send()函数、sendto()函数和sendmsg()函数均用于向另一个套接字传递消息(数据)。其中，send()仅仅用于连接套接字；而sendto()和sendmsg()可用于任何情况下，比如sendto可用于套接字未建立的连接通信(UDP通信就需要)。关于sendto()和sendmsg()的具体用法可参见这两个函数的man帮助手册页。若函数调用成功，则返回发送的字符个数；否则返回值为－1。

[说明]

(1) s为指定发送端套接字描述符。

(2) msg参数指明一个存放应用程序要发送数据的缓冲区。

(3) len参数指明实际要发送的数据的字节数。

(4) flags参数为一个标志字，一般置为0。

(5) to参数指定目标地址。

(6) tolen参数定义目标地址的长度。

7. recv()函数、recvfrom()函数、recvmsg()函数

原型:
```
ssize_t recv(int sockfd, void * buf, size_t len, int flags);
ssize_t recvfrom(int sockfd, void * buf, size_t len, int flags,
                 struct sockaddr * src_addr, socklen_t * addrlen);
ssize_t recvmsg(int sockfd, struct msghdr * msg, int flags);
```

功能：从连接的另一端接收数据，使用上正好与send()函数、sendto()函数和sendmsg()函数相反，且名字也正好对应。即send/recv、sendto/recvfrom、sendmsg/recvmsg各为一组。如果函数调用成功，则函数返回其实际读取的字节数；否则返回值为－1。

[说明]

(1) sockfd参数指定接收端套接字描述符。

(2) buf参数指明一个缓冲区，该缓冲区用来存放recv()函数接收到的数据。

(3) len参数指明buf的长度。

(4) flag参数一般设置为0。

(5) src_addr参数指定源地址。

(6) addrlen参数定义源地址的长度。

15.3.3 socket编程模型

根据网络协议的不同，socket通信分为TCP(Transmission Control Protocol，传输控制协议)和UDP(User Datagram Protocol，用户数据报协议)两种不同的方式，都是采用上文所描述的socket通信函数进行编写的。流式socket和数据报socket的区别：前者在通信之前必须先建立连接，并且只能和一方通信；而后者在通信之前不用先建立连接，并且可以和多方通信。

1. TCP

TCP 为应用程序提供可靠的通信连接，实现了从一个应用程序到另一个应用程序的数据传递；适合于一次传输大批数据的情况，并要求得到响应的应用程序。建立一次 TCP 连接需三次握手，基本过程是服务器先建立一个套接口并等待客户端的连接请求，然后顺序进行三次握手。

(1) 第一次握手：当客户端调用 connect 进行主动连接请求时，客户端 TCP 发送一个 SYN，告诉服务器客户端将在连接中发送的数据的初始序列号；

(2) 第二次握手：当服务器收到这个 SYN 后也给客户端发一个 SYN，里面包含服务器将在同一连接中发送的数据的初始序列号；

(3) 第三次握手：最后客户再回送一个带有确认顺序号和确认号的数据段来确认服务器发的 SYN。

到此为止，一个 TCP 连接被建立。基于 TCP 的 socket 编程流程如图 15-1 所示。

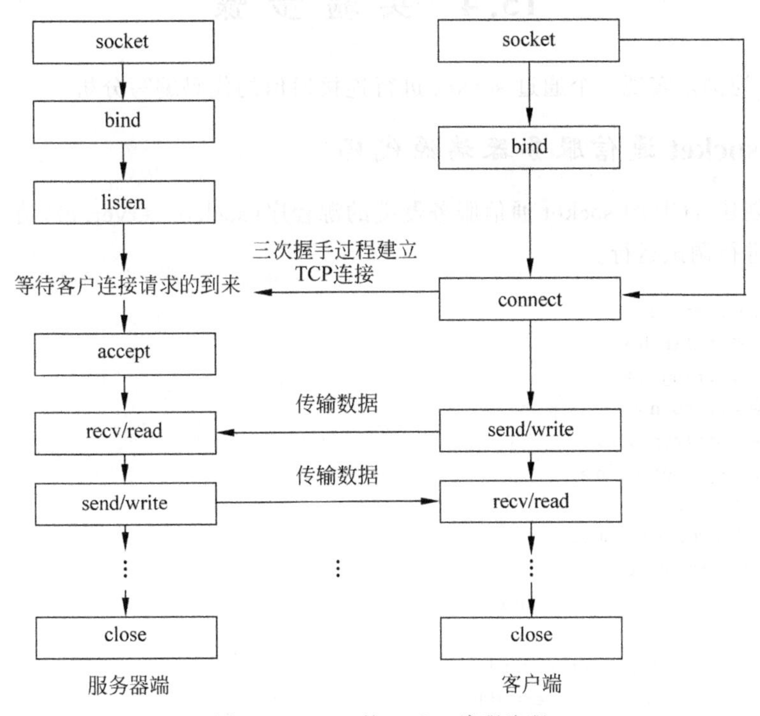

图 15-1　TCP 的 socket 编程流程

2. UDP

UDP 是一种无连接协议，不需要像 TCP 那样通过三次握手来建立一个连接，且不对传送包进行可靠的保障，适合于一次传输少量数据，其可靠性由应用层来负责。同时，一个 UDP 应用可同时作为应用的客户方或服务器方。

UDP 比 TCP 能更好地解决实时性的问题，包括网络视频会议系统在内的众多的客户/服务器模式的网络应用都使用 UDP。基于 UDP 的 socket 编程流程如图 15-2 所示。

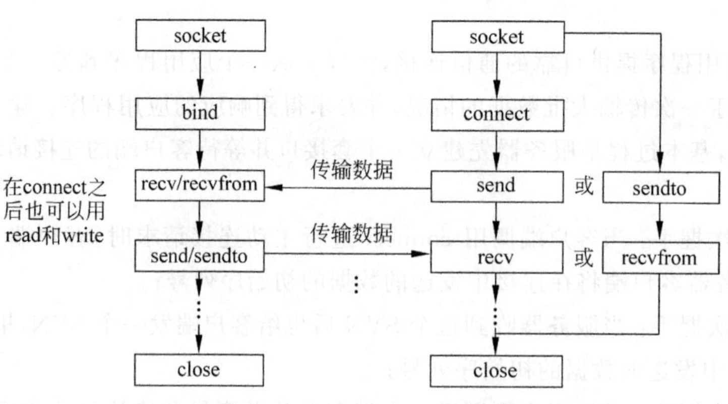

图 15-2　UDP 的 socket 编程流程

15.4　实验步骤

以 TCP 为例来实现一个通过 socket 进行连接通信的代码编写分析。

15.4.1　socket 通信服务器端源代码

下面是创建 TCP 的 socket 通信服务器端的源程序(socket_server.c),请分析理解后再在计算机上进行调试运行。

```
#include <stdio.h>
#include <stdlib.h>
#include <string.h>
#include <errno.h>
#include <sys/types.h>
#include <sys/socket.h>
#include <netinet/in.h>
#define DEFAULT_PORT 8000
#define MAXLINE 4096
int main(int argc, char * * argv)
{
    int     socket_fd, connect_fd;
    struct sockaddr_in     servaddr;
    char     buff[4096];
    int      n;
    //初始化 Socket
    if( (socket_fd = socket(AF_INET, SOCK_STREAM, 0)) == -1 ){
    printf("create socket error: %s(errno: %d)\n",strerror(errno),errno);
    exit(0);
    }
    //初始化
    memset(&servaddr, 0, sizeof(servaddr));
    servaddr.sin_family = AF_INET;
    servaddr.sin_addr.s_addr = htonl(INADDR_ANY);
                                  //IP 地址设置成 INADDR_ANY,让系统自动获取本机的 IP 地址
```

```
    servaddr.sin_port = htons(DEFAULT_PORT);
                                    //设置的端口为 DEFAULT_PORT

    //将本地地址绑定到所创建的套接字上
    if( bind(socket_fd, (struct sockaddr * )&servaddr, sizeof(servaddr)) == -1){
    printf("bind socket error: %s(errno: %d)\n",strerror(errno),errno);
    exit(0);
    }
    //开始监听是否有客户端连接
    if( listen(socket_fd, 10) == -1){
    printf("listen socket error: %s(errno: %d)\n",strerror(errno),errno);
    exit(0);
    }
    printf("======waiting for client's request======\n");
    while(1){
//阻塞直到有客户端连接
    if( (connect_fd = accept(socket_fd, (struct sockaddr * )NULL, NULL)) == -1){
    printf("accept socket error: %s(errno: %d)",strerror(errno),errno);
    continue;
    }
//接收客户端传过来的数据
    n = recv(connect_fd, buff, MAXLINE, 0);
//向客户端发送回应数据
    if(!fork()){
        if(send(connect_fd, "Hello,you are connected!\n", 26,0) == -1)
        perror("send error");
        close(connect_fd);
        exit(0);
    }
    buff[n] = '\0';
    printf("recv msg from client: %s\n", buff);
    close(connect_fd);
    }
    close(socket_fd);
}
```

15.4.2 socket 通信客户端源代码

下面是创建 TCP 的 socket 通信客户端的源程序(socket_client.c),请分析理解后再在计算机上进行调试运行。

```
#include<stdio.h>
#include<stdlib.h>
#include<string.h>
#include<errno.h>
#include<sys/types.h>
#include<sys/socket.h>
#include<netinet/in.h>

#define MAXLINE 4096
```

```
int main(int argc, char * * argv)
{
     int     sockfd, n,rec_len;
     char    recvline[4096], sendline[4096];
     char    buf[MAXLINE];
     struct sockaddr_in     servaddr;
     if( argc != 2){
     printf("usage: ./client <ipaddress>\n");
     exit(0);
     }
     if( (sockfd = socket(AF_INET, SOCK_STREAM, 0)) < 0){
     printf("create socket error: %s(errno: %d)\n", strerror(errno),errno);
     exit(0);
     }
     memset(&servaddr, 0, sizeof(servaddr));
     servaddr.sin_family = AF_INET;
     servaddr.sin_port = htons(8000);
     if( inet_pton(AF_INET, argv[1], &servaddr.sin_addr) <= 0){
     printf("inet_pton error for %s\n",argv[1]);
     exit(0);
     }
     if( connect(sockfd, (struct sockaddr *)&servaddr, sizeof(servaddr)) < 0){
     printf("connect error: %s(errno: %d)\n",strerror(errno),errno);
     exit(0);
     }
     printf("send msg to server: \n");
     fgets(sendline, 4096, stdin);
     if( send(sockfd, sendline, strlen(sendline), 0) < 0)
     {
     printf("send msg error: %s(errno: %d)\n", strerror(errno), errno);
     exit(0);
     }
     if((rec_len = recv(sockfd, buf, MAXLINE,0)) == -1) {
          perror("recv error");
          exit(1);
     }
     buf[rec_len] = '\0';
     printf("Received : %s ",buf);
     close(sockfd);
     exit(0);
}
```

注意，客户端在执行过程中需要输入服务器端的IP地址，如编译后的文件为socket_client.exe，服务器端和客户端同时在一台计算机上运行，则执行时的命令为./socket_client 127.0.0.1。

15.5 思考与练习

在练习中提供的源程序只实现了一次通信过程，请尝试改写程序，以实现通信过程一直维持，直到按指定操作后才退出通信。

第16章 银行家算法

16.1 实验目的

(1) 进一步理解进程的并发执行概念。

(2) 理解进程死锁、安全状态与不安全状态的概念。

(3) 掌握使用银行家算法避免死锁问题的方法。

16.2 实验环境

一台已安装好 VMware 软件的主机,虚拟机系统为 CentOS 7。

16.3 预备知识

16.3.1 死锁的概念

1. 死锁

死锁是指两个或两个以上的进程在执行过程中,由于竞争资源或者由于彼此通信而造成的一种阻塞的现象,若无外力作用,它们就将无法推进下去。此时称系统处于死锁状态或系统产生了死锁。这些永远在相互等待的进程称为死锁进程。

2. 死锁产生的必要条件

死锁的发生必须具备以下四个必要条件。

(1) 互斥条件。进程对所分配到的资源进行排他性使用,即在一段时间内某资源只能由一个进程占用。若此时还有其他进程请求资源,则请求者只能等待,直至占用该资源的进程用毕释放。

(2) 请求和保持条件。进程已经保持至少一个资源,但又提出了新的资源请求,而该资源已被其他进程占有,此时请求进程必须阻塞,但又对自己已获得的其他资源保持不放。

(3) 不抢占条件。进程已获得的资源,在未使用完之前,不能被剥夺,只能在使用完时由自己释放。

(4) 循环等待条件。指在发生死锁时,必然存在一个进程——资源的环形链,即进程集合{P0,P1,P2,…,Pn}中的 P0 正在等待一个 P1 占用的资源;P1 正在等待 P2 占用的资源,……,

Pn正在等待已被P0占用的资源。

3. 死锁的避免

只要确保上述四个条件之一不出现，系统就不会发生死锁。避免死锁算法中最有代表性的算法就是Dijkstra E.W于1968年提出的银行家算法，银行家算法是避免死锁的一种重要方法。

16.3.2 银行家算法

1. 操作系统的安全状态和不安全状态

(1) 安全序列。安全序列是指一个进程序列{P1,…,Pn}是安全的，即对于每一个进程Pi(1≤i≤n)，它以后尚须的资源量不超过系统当前剩余资源量与所有进程Pj(j<i)当前占有资源量之和。

(2) 安全状态。如果存在一个由系统中所有进程构成的安全序列P1,…,Pn，系统就处于安全状态。安全状态一定是没有死锁发生。

(3) 不安全状态。不安全状态即不存在一个安全序列。注意，不安全状态不一定导致死锁。

2. 银行家算法中的数据结构

为实现银行家算法，系统必须设置若干数据结构。

(1) 可利用资源向量Available。其是一个含有m个元素的数组，其中的每一个元素代表一类可利用的资源数目。如果Available[j]=K，则表示系统中现有Rj类资源有K个。

(2) 最大需求矩阵Max。这是一个n×m的矩阵，它定义了系统中n个进程中的每一个进程对m类资源的最大需求。如果Max[i,j]=K，则表示进程i需要Rj类资源的最大数目为K。

(3) 分配矩阵Allocation。这也是一个n×m的矩阵，它定义了系统中每一类资源当前已分配给每一进程的资源数。如果Allocation[i,j]=K，则表示进程i当前已分得Rj类资源的数目为K。

(4) 需求矩阵Need。这也是一个n×m的矩阵，用以表示每一个进程尚须的各类资源数。如果Need[i,j]=K，则表示进程i还需要Rj类资源K个，方能完成其任务。

它们之间的关系表达式：

Need[i,j] = Max[i,j] − Allocation[i,j]

3. 银行家算法

设Request(i)是进程Pi的请求向量，如果Request(i)[j]=k，表示进程Pi需要K个R(j)类型的资源。当Pi发出资源请求后，系统将进行下列步骤：

(1) 如果Request(i)[j] <= Need[i,j]，便转向步骤(2)；否则认为出错，因为它所请求的资源数已超过它所宣布的最大值。

(2) 如果Request(i)[j] <= Available[i,j]，便转向步骤(3)；否则，表示尚无足够资源，Pi需等待。

(3) 系统试探着把资源分配给进程Pi，并需要修改下面数据结构中的数值：

Available[j] = Available[j] − Request(i)[j];

Allocation[i,j] = Allocation[i,j] + Request(i)[j];

16.4 实验步骤

(1) 设系统中有3种类型的资源A、B、C和5个进程P1、P2、P3、P4、P5。已知总数量为A=17,B=5,C=20,用矩阵表示为[17,5,20]。在T0时刻的状态如表16-1所示。

表16-1 系统在T0时刻的状态

进程	最大需求矩阵			已分配矩阵		
	A	**B**	**C**	**A**	**B**	**C**
P1	5	5	9	2	1	2
P2	5	3	6	4	0	2
P3	4	0	11	4	0	5
P4	4	2	5	2	0	4
P5	4	2	4	3	1	4

问:

① T0时刻是否为安全状态?若是,则给出安全序列。

② 在T0时刻,若P2请求[0,3,4],能否实施分配?为什么?

③ 在②的基础上,P4又请求[2,0,1],能否实施分配?为什么?

④ 在③基础上,P1又请求[0,2,0],能否实施分配?为什么?

(2) 分析如下模拟银行家算法代码(bank_aigo.c),然后在计算机上调试运行,并用第16.4节中第(1)题的数据进行分析和验证。

```
#include <stdio.h>
//////////////////////////////////////////////////////////////////////////////
//全局变量定义
int Available[100];                           //可利用资源数组
int Max[50][100];                             //最大需求矩阵
int Allocation[50][100];                      //分配矩阵
int Need[50][100];                            //需求矩阵
int Request[50][100];                         //m个进程还需要n类资源的资源量
int Finish[50];
int p[50];
int m,n;                                      //m个进程,n类资源

//////////////////////////////////////////////////////////////////////////////
                                              //安全性算法
int Safe()
{
    int i,j,l = 0,k;
    int Work[100];                            //可利用资源数组
    for (i = 0;i < n;i++)
        Work[i] = Available[i];
    for (i = 0;i < m;i++)
        Finish[i] = 0;
    for (i = 0;i < m;i++)
```

```
        {
            if (Finish[i] == 1)
            continue;
            else
            {
                for (j = 0;j < n;j++)
                {
                    if (Need[i][j]> Work[j])
                        break;
                }
                if (j == n)
                {
                    Finish[i] = 1;
                    for(k = 0;k < n;k++)
                        Work[k] += Allocation[i][k];
                    p[l++] = i;
                    i = -1;
                }
                else continue;
            }
            if (l == m)
            {
                printf("系统是安全的\n");
                printf("系统安全序列是:\n");
                for (i = 0;i< l;i++)
                {
                    printf("%d",p[i]);
                    if (i!= l - 1)
                        printf("-->");
                }
                printf("\n");
                return 1;
            }
        }
    }
////////////////////////////////////////////////////////////////////////////////
//银行家算法
int main()
{
    int i,j,mi;
    printf("输入进程的数目:\n");
    scanf("%d",&m);
    printf("输入资源的种类:\n");
    scanf("%d",&n);
    printf("输入每个进程最多所需的各类资源数,按照%dx%d",m,n);
    printf("矩阵输入\n");
    for (i = 0;i < m;i++)
        for(j = 0;j < n;j++)
            scanf("%d",&Max[i][j]);
    printf("输入每个进程已经分配的各类资源数,按照%dx%d矩阵输入\n",m,n);
    for (i = 0;i < m;i++)
```

```
    {
        for(j = 0;j < n;j++)
        {
            scanf(" % d",&Allocation[i][j]);
            Need[i][j] = Max[i][j] - Allocation[i][j];
            if (Need[i][j]< 0)
            {
                printf("你输入的第 % d 个进程所拥有的第 % d 个资源错误,请重新输入:\n",(i +
1),(j + 1));
                j -- ;
                continue;
            }
        }
    }
    printf("请输入各个资源现有的数目:\n");
    for (i = 0;i < n;i++)
    scanf(" % d",&Available[i]);
    Safe();
    while (1)
    {
        printf("输入要申请的资源的进程号:(第一个进程号为 0,第二个进程号为 1,以此类推)\n");
        scanf(" % d",&mi);
        printf("输入进程所请求的各个资源的数量\n");
        for (i = 0;i < n;i++)
            scanf(" % d",&Request[mi][i]);
            for(i = 0;i < n;i++)
            {
            if (Request[mi][i]> Need[mi][i])
            {
                printf("所请求资源数超过进程的需求量!\n");
                return 0;
            }
            if (Request[mi][i]> Available[i])
            {
                printf("所请求资源数超过系统所有的资源数!\n");
                return 0;
            }
        }
        for (i = 0;i < n;i++)
        {
            Available[i] -= Request[mi][i];
            Allocation[mi][i] += Request[mi][i];
            Need[mi][i] -= Request[mi][i];
        }
        if (Safe())
            printf("同意分配请求~~~\n");
        else
        {
            printf("SORRY╮(╯▽╰)╭……你的请求被拒绝……\n");
            for (i = 0;i < n;i++)
            {
```

```
                Available[i] += Request[mi][i];
                Allocation[mi][i] -= Request[mi][i];
                Need[mi][i] += Request[mi][i];
            }
        }
        for (i = 0;i < m;i++)
            Finish[i] = 0;
        char Flag;                      //标志位
        printf("是否再次请求分配?是请按 Y/y,否请按 N/n");
        while (1)
        {
            scanf(" %c",&Flag);
            if (Flag == 'Y'||Flag == 'y'||Flag == 'N'||Flag == 'n')
            break;
            else
            {
                printf("请按要求重新输入:\n");
                continue;
            }
        }
        if (Flag == 'Y'||Flag == 'y')
        continue;
        else break;
    }
}
```

16.5 思考与练习

(1) 考虑有 150 个存储器单元的系统，按如表 16-2 所示的方式分配给 3 个进程。

表 16-2 分配方式

进　程	最　大	占　有	进　程	最　大	占　有
1	70	45	3	60	15
2	60	40			

使用银行家算法，以确定下面的任何一个请求是否安全：

① 第 4 个进程到达，最多需要 60 个存储单元，最初需要 25 个单元；

② 第 4 个进程到达，最多需要 60 个存储单元，最初需要 35 个单元；

若安全，则给出任一安全序列；若不安全，则给出结果分配简表。

(2) 操作系统分配资源时主要考虑的是避免死锁的发生。

若系统中有同类资源 16 个，有 4 个进程 P1、P2、P3、P4 共享该资源。已知 P1、P2、P3、P4 所需的资源总数分别为 8、5、9、6。各进程请求资源的次序如表 16-3 所示，若系统采用银行家算法为它们分配资源，那么________次申请分配会使系统进入不安全状态。

表 16-3 各进程请求资源的次序

序号	进程	申请量	序号	进程	申请量
1	P1	6	4	P4	1
2	P2	4	5	P1	1
3	P3	5	6	P2	1

供选择的答案：

A. 3、4　　B. 3、5　　C. 4、5　　D. 5、6

第五部分

存 储 管 理

存储器由内存(或叫主存)和外存组成。程序需要装入内存才有机会分配到 CPU 而得到执行,由于内存空间通常比较小,会限制所要装入的程序的大小和多道程序的个数。因此,操作系统需要采用一定的措施将内存和外存结合起来,使得实际运行的程序不受内存空间大小的限制,而且可以多道程序同时运行。

本部分通过练习 shell 命令,查看 Linux 系统中内存的使用情况;通过函数调用来申请动态内存和释放内存;通过/proc 文件系统地查看并了解进程虚拟内存的布局。

第17章　内存监控和回收

17.1　实验目的

(1) 熟悉 free、vmstat 等命令的使用方法。

(2) 了解 proc 文件系统中内存使用状况的查看方法。

(3) 了解 C 程序设计中内存的分配和回收方法。

17.2　实验环境

一台已安装好 VMware 软件的主机，虚拟机系统为 CentOS 7。

17.3　预备知识

17.3.1　内存实时查看命令

内存是影响 Linux 性能的主要因素之一，内存资源的充足与否也直接影响应用系统的使用性能。在平时使用 Linux 系统时，可以用 free 命令实时监控 Linux 内存使用状况，使用 vmstat 命令实时显示关于系统各种资源之间相关性能的简要信息。

1. free 命令

功能：显示系统中已用和未用的内存空间总和。

语法：free [- b | - k | - m] [- o] [- s delay] [- t] [- V]

其中，b、k、m 分别表示以 Byte、KB、MB 为单位显示内存的使用情况，s 表示间隔秒数。如每两秒显示内存的使用状况，以 KB 为单位显示系统内存，输入如图 17-1 所示的命令，将实时显示内存使用情况。图 17-1 只是显示的一部分，可以按 Ctrl+C 组合键终止显示。

```
[root@bogon ~]# free -k -s 2
              total        used        free      shared  buff/cache   available
Mem:         997956      154528      634516        7788      208912      662888
Swap:       1999868           0     1999868
```

图 17-1　使用 free 命令

free 命令会显示系统内存的使用和空闲情况，包括物理内存、交换区内存(swap)和内核缓冲区内存。

第二行是从一个应用程序的角度来显示系统物理内存(Mem)的使用情况。

第三行为交换区的信息,分别是交换的总量(total),使用量(used)和有多少空闲的交换区(free)。它是利用磁盘空间虚拟出的一块逻辑内存,用作虚拟内存的磁盘空间被称为交换空间(Swap Space)。

注意,buff是用于存放要输出到disk(块设备)的数据;而cache是存放从disk上读出的数据。这两者是为了提高I/O性能的,并由操作系统管理。

一般来说,如果空闲内存/物理内存大于70%,就表明内存性能优;如果小于20%,就表明性能差,需要添加内存数量。

2. vmstat命令

功能:对系统的进程情况、内存使用情况、交换页和I/O块使用情况、中断以及CPU使用情况进行统计并报告相应的信息。

语法:vmstat [-n] [延时 [次数]]

一般vmstat命令的使用是通过两个数字参数来完成的,第一个参数是采样的时间间隔数(Interval),单位是秒(s),第二个参数是采样的次数(Count)。如输入命令:vmstat 3 2,表示每3s采集一次,共两次,如图17-2所示。

```
[root@bogon ~]# vmstat 3 2
procs -----------memory---------- ---swap-- -----io---- -system-- ------cpu-----
 r  b   swpd   free   buff  cache   si   so    bi    bo   in   cs us sy id wa st
 2  0      0 630080   2076 208680    0    0    44     2   69  122  0  0 99  0  0
 0  0      0 630080   2076 208680    0    0     0     0   51   68  0  0 100  0
0
[root@bogon ~]# 
```

图17-2　vmstat命令显示效果

各指标的含义如下:

(1) r:运行进程数。

(2) b:阻塞的进程。

(3) swpd:虚拟内存已使用的大小,如果大于0,就表示系统的物理内存不足。

(4) free:空闲的物理内存的大小,单位:KB。

(5) buff:被用来作为缓存的内存大小,单位:KB。

(6) cache:用来存储要读入的数据大小,单位:KB。

(7) si:从磁盘交换到内存的交换数量,单位:KB/s。

(8) so:从内存交换到磁盘的交换数量,单位:KB/s。

(9) bi:发送到块设备的块数,单位:块/s。

(10) bo:从块设备接收到的块数,单位:块/s。

(11) in:每秒CPU的中断次数,包括时间中断。

(12) cs:每秒上下文切换次数。例如,调用系统函数,就要进行上下文切换,线程的切换,也要进程上下文切换。

(13) us:用户使用CPU的时间。

(14) sy:系统使用CPU的时间。

(15) id:CPU空闲时间。

(16) wa：CPU 等待 I/O 时间。

17.3.2 /proc/meminfo 文件

文件 meminfo 给出了内存状态的信息。它显示出系统中空闲内存、已用物理内存和交换内存的总量，以及内核使用的共享内存和缓冲区总量。这些信息的格式和 free 命令显示的结果类似。meminfo 显示的部分结果如图 17-3 所示。

```
[root@bogon ~]# cat /proc/meminfo
MemTotal:           997956 kB
MemFree:            629524 kB
MemAvailable:       659980 kB
Buffers:              2076 kB
Cached:             154084 kB
SwapCached:              0 kB
Active:             121020 kB
Inactive:           127336 kB
Active(anon):        92592 kB
Inactive(anon):       7396 kB
Active(file):        28428 kB
Inactive(file):     119940 kB
Unevictable:             0 kB
Mlocked:                 0 kB
SwapTotal:         1999868 kB
SwapFree:          1999868 kB
Dirty:                  24 kB
Writeback:               0 kB
AnonPages:           92232 kB
Mapped:              43028 kB
Shmem:                7792 kB
```

图 17-3 meminfo 显示的部分结果

17.3.3 内存分配及释放

在 C 语言程序设计中，内存的分配和回收可以使用库函数来完成。

1. malloc()函数

原型：void *malloc(size_t size);

功能：分配 size 个字节的存储空间，并返回指向这块内存的指针。如果分配失败，就返回一个空指针(NULL)。

2. free()函数

原型：void free(void *ptr);

功能：将之前用 malloc 分配的空间释放掉，并重新进行分配。

17.4 实验步骤

(1) 用 free 命令监控内存使用情况，并记录结果。

(2) 使用 vmstat 命令监视虚拟内存使用情况，并记录结果。

(3) 查看本机 meminfo 文件，并记录结果。

(4) 下面程序模拟实现 cat 命令，请填写完整程序并调试运行。

源码 cat.c 如下：

```
#include <stdio.h>
#include <stdlib.h>
#include <string.h>
#include <pwd.h>
#include <sys/types.h>
#include <grp.h>
#include <sys/stat.h>

int cats(const char * filename);
void print(const char * filename, struct stat * st);
void mode_to_letters(int mode, char * str);
char * uid_to_name(uid_t uid);
char * gid_to_name(gid_t gid);
void Usage();

int main(int argc, char * * argv)
{
    if (argc < 2)
    {
        Usage();
        return - 1;
    }
    else
    {
        cats(argv[1]);
    }
    return 0;
}

int cats(const char * filename)
{
    FILE * fp = NULL;
    char * buffer = NULL;
    struct stat st;
    stat(filename, &st);
    int number = 0;
    /*********** 根据文件的大小动态申请内存 ************/
    buffer = (char * )malloc(sizeof(char) * (1));
    /**********************************************/
    memset(buffer, 0, st.st_size);                    //initiate the memory allocated to 0

    fp = fopen(filename, "r");
    if (fp == NULL)
    {
        printf("open file failer!\n");
        fclose(fp);
        return - 1;
    }
```

```
    number = fread(buffer, st.st_size, 1, fp);
                                            //read the file and put the content into the buffer
    if (number < 0)
    {
        printf("read file failer!\n");
        fclose(fp);
        return -1;
    }

    printf("%s", buffer);
    /******** 释放申请的动态内存 ***********/
    free((2));
    /************************************/

    fclose(fp);
    return 0;
}

void Usage()
{
    printf("format error!Parameter input format:\n");
    printf("\tformat: ./cats filename\n");
}
```

编译运行效果(以输出/etc/sysconfig/network-scripts/ifcfg-ens33 文件为例),如图 17-4 所示。

```
[root@bogon ~]# ./cat /etc/sysconfig/network-scripts/ifcfg-ens33
TYPE=Ethernet
PROXY_METHOD=none
BROWSER_ONLY=no
BOOTPROTO=dhcp
DEFROUTE=yes
IPV4_FAILURE_FATAL=no
IPV6INIT=yes
IPV6_AUTOCONF=yes
IPV6_DEFROUTE=yes
IPV6_FAILURE_FATAL=no
IPV6_ADDR_GEN_MODE=stable-privacy
NAME=ens33
UUID=a3b9280c-7d9d-4b82-89a6-9b70c9016d6c
DEVICE=ens33
ONBOOT=yes
A[root@bogon ~]#
```

图 17-4 输出文本文件内容显示效果

(5) 下面程序模拟实现 copy 功能。请在计算机上编译并运行程序。

```
#include <stdio.h>
#include <stdlib.h>
#include <string.h>
#include <pwd.h>
#include <sys/types.h>
#include <grp.h>
```

```
#include <sys/stat.h>

int copys(const char * filename,const char * file2);
void print(const char * filename, struct stat * st);
void mode_to_letters(int mode, char * str);
char * uid_to_name(uid_t uid);
char * gid_to_name(gid_t gid);
void Usage();

int main(int argc, char * * argv){
    /******************************/
     if (argc < 3){
         //为什么要判断argc的个数
         Usage();
         return -1;
      }
      else{
         copys(argv[1],argv[2]);
      }
      return 0;
  }

  int copys(const char * filename,const char * file2){
     FILE * fp = NULL;
     FILE * fq = NULL;
     char * buffer = NULL;
     struct stat st;
     stat(filename, &st);
     int number = 0;
     char  ch ;
     int i = 0;
     buffer = (char *)malloc(sizeof(char) * st.st_size);
     memset(buffer, 0, st.st_size);
     fp = fopen(filename, "r");
     fq = fopen(file2, "w");
     if (fp == NULL) {
        printf("open file failer!\n");
        fclose(fp);
        return -1;
  }

  number = fread(buffer, st.st_size, 1, fp);
  if (number < 0){
       printf("read file failer!\n");
       fclose(fp);
       return -1;
  }
  printf("%s", buffer);
  while(buffer[i]!= '\0'){
       putc(buffer[i],fq);
       i++;
```

```
    }
    free(buffer);
    fclose(fp);
    fclose(fq);
    return 0;
}

void Usage(){
    printf("format error!Parameter input format:\n");
    printf("\tformat: ./copy filename1 filename2\n");
}
```

17.5 思考与练习

本章 17.4 节中的程序(5)，为什么要判断 main()函数中参数 argc 的个数？

第18章 Linux 虚拟内存

18.1 实验目的

(1) 掌握 Linux 系统中虚拟内存的概念。
(2) 了解 Linux 中虚拟内存的实现机制。

18.2 实验环境

一台已安装好 VMware 软件的主机,虚拟机系统为 CentOS 7。

18.3 预备知识

在计算机中运行的程序,其代码、数据和堆栈的总量可以超过实际内存的大小,操作系统只将当前使用的程序块保留在内存中,其余的程序块则保留在磁盘上。必要时,操作系统负责在磁盘和内存之间交换程序块。这就是虚拟内存的基本思想。

18.3.1 32位的 Linux 虚拟内存、内核空间和用户空间

32位的 Linux 的虚拟地址空间为4GB。Linux 内核将这4GB的空间分为两部分: 最高的1GB(从虚地址 0xC0000000 到 0xFFFFFFFF)供内核使用,称为"内核空间"; 而较低的3GB(从虚地址 0x00000000 到 0xBFFFFFFF)供各个进程使用,称为"用户空间"。因为每个进程可以通过系统调用进入内核,因此,Linux 内核空间由系统内的所有进程共享。于是,从具体进程的角度来看,每个进程可以拥有4GB的虚拟地址空间(也叫虚拟内存) 。每个进程有各自的私有用户空间(0～3GB),这个空间对系统中的其他进程是不可见的。最高的1GB内核空间则为所有进程以及内核所共享,如图18-1所示。

1. 内核空间到物理内存的映射

虽然内核空间占据了每个虚拟空间中的最高(1GB),但映射到物理内存却总是从最低的地址(0x00000000)开始,如图18-2所示。这样设计的目的,是为了在内核空间与物理内存之间建立起简单的线性映射关系。内核物理地址与虚拟地址之间的位移量就是3GB(0xC0000000),在 Linux 代码中就叫作 PAGE_OFFSET(即 PAGE_OFFSET＝0xC0000000)。对于内核空间而言,给定一个虚地址 X,其物理地址为"X-PAGE_OFFSET"; 给定一个物理地址 X,其虚拟地址为"X+ PAGE_OFFSET"。这里再次说明, 这种映射关系只适用于内

核空间，而用户空间的地址映射要复杂得多，它是通过分页机制来完成的。

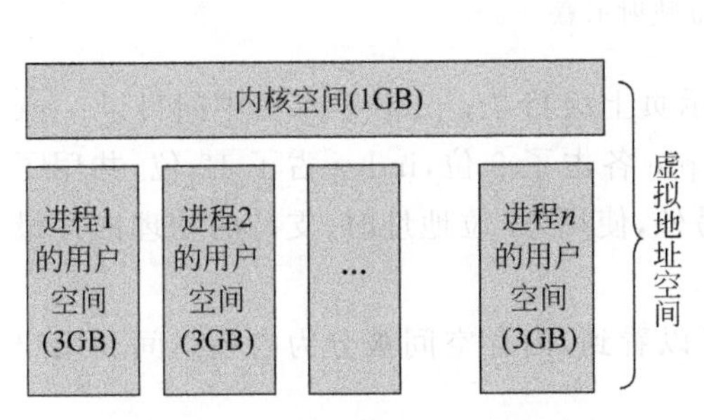

图 18-1　进程虚拟地址空间示意

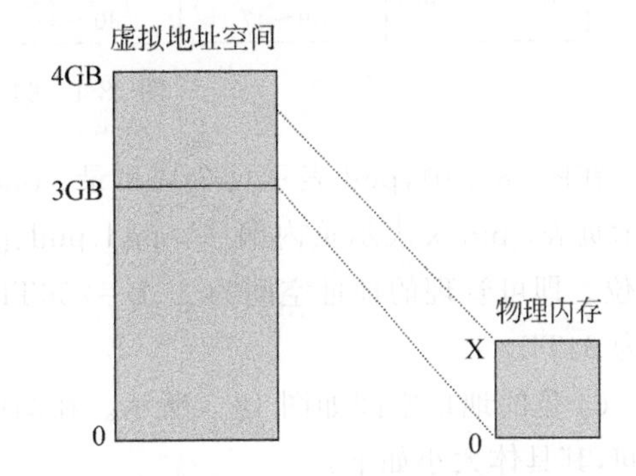

图 18-2　内核的虚拟地址空间到物理地址空间的映射

2. 虚拟内存实现机制

Linux 虚拟内存的实现需要多种机制的支持，包括地址映射机制；请页机制；内存分配和回收机制；交换机制；缓存和刷新机制；以及内存共享机制。

3. 进程的用户空间管理

每个进程经编译、连接后形成的二进制映像文件有一个代码段和数据段，进程运行时须有独占的堆栈空间，如图 18-3 所示。

由图 18-3 所示可以看出，堆栈段安排在用户空间的顶部，运行时由顶向下延伸；代码段和数据段则在底部，运行时并不向上延伸。从数据段的顶部到堆栈段地址的下沿这个区间是一个巨大的空洞，这就是进程在运行时调用 malloc()函数可以动态分配的空间，也叫动态内存或堆。

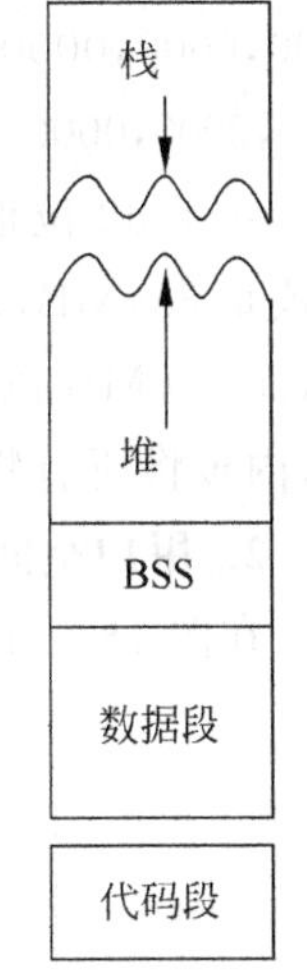

图 18-3　进程用户空间的划分

尽管每个进程拥有 3GB 的用户空间，但是其中的地址都是虚拟地址，因此，用户进程在这个虚拟内存中并不能真正地运行起来，必须把用户空间中的虚拟地址最终映射到物理存储空间才行，而这种映射的建立和管理是由内核完成的。所谓向内核申请一块空间，实际上是指请求内核分配一块虚存区间和相应的若干物理页面，并建立起映射关系。

内核在创建进程时并不是为整个用户空间都分配好相应的物理空间，而是根据需要才真正分配一些物理页面并建立映射。系统利用请页机制来避免对物理内存的过分使用，因为进程访问的用户空间中的页当前可能不在物理内存中，这时，操作系统可通过请页机制把数据从磁盘装入到物理内存。为此，系统需要修改进程的页表，以便标志用户空间中的页已经装入物理页面中。由于上面这些原因，Linux 采用了比较复杂的数据结构跟踪进程的用户地址空间。

18.3.2　64 位的 Linux 虚拟内存、内核空间和用户空间

64 位的 Linux 地址采用四层地址映射(4 级分页模型)，如图 18-4 所示。

48～63 保留	pgd 39～47	pud 30～38	pmd 21～29	pte 12～20	index 0～11

图 18-4　64 位地址映射示意

在图 18-4 中，pgd 表示页全局目录；pud 表示页上级目录；pmd 表示页中间目录；pte 表示页表；index 表示页内偏移。pgd、pud、pmd、pte 各占了 9 位，index 占了 12 位，共用了 48 位。即可管理的地址空间为 2^{48}B＝256TB。另外，使用 64 位地址时，支持的物理内存最大为 64TB。

64 位的地址空间如图 18-5 所示。在图中，可以看到，内存空间被分为内核空间和用户空间，其具体大小如下：

地址 0x0000,0000,0000,0000--0x0000,7fff,ffff,f000　这 128TB 地址用于用户空间。

地址 0xffff,8000,0000,0000--0xffff,ffff,ffff,ffff　这 128TB 地址用于内核空间。

注意，该地址前 4 个都是 f，这是因为目前实际上只用了 64 位地址中的 48 位(高 16 位是没有用的)，而从地址 0x0000,7fff,ffff,ffff 到 0xffff,8000,0000,0000 的中间是一个巨大的空洞，是为以后的扩展预留的。

1. 内核空间

在内核空间中，真正的起始地址是从 0xffff,8800,0000,0000 开始的。另外，0xffff,8800,0000,0000--0xffff,c7ff,ffff,ffff 共 64TB 地址，是直接和物理内存进行映射的；0xffff,c900,0000,0000--0xffff,e8ff,ffff,ffff 共 32TB 地址，用于 vmalloc/ioremap 的地址空间。

对于 32 位地址空间时，当物理内存大于 896MB 时(注，Linux2.4 内核是 896MB，3.x 内核是 884MB，是个经验值)，由于地址空间的限制，内核只会将 0～896MB 的地址进行映射，而 896MB 以上的空间用作一些固定映射和 vmalloc/ioremap。而对于 64 位地址空间时，内核将所有物理内存都进行映射。

2. 用户空间

在图 18-5 中的用户空间部分，其布局可以分解为如图 18-6 所示的部分。

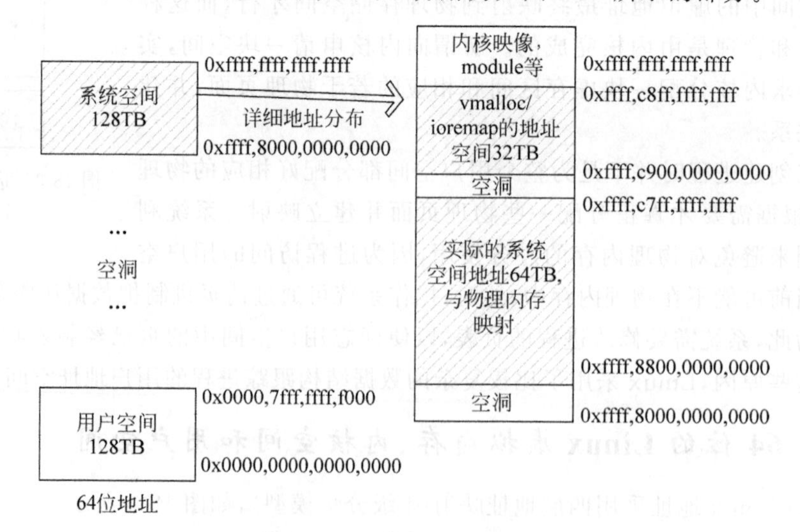

图 18-5　64 位地址空间示意

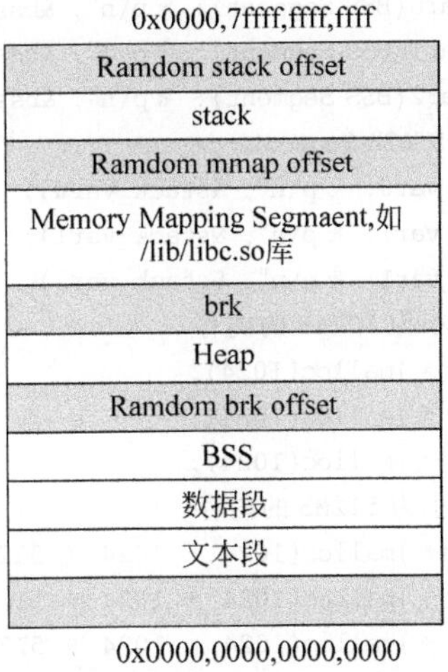

0x0000,7ffff,ffff,ffff

Ramdom stack offset
stack
Ramdom mmap offset
Memory Mapping Segmaent,如 /lib/libc.so库
brk
Heap
Ramdom brk offset
BSS
数据段
文本段

0x0000,0000,0000,0000

图 18-6　64 位用户空间内存示意

在图 18-6 中有不少 Ramdom xx offset，这是 Linux 里的 ASLR 策略。ASLR（Address Space Layout Randomization）是一种安全机制，主要防止缓冲区溢出攻击。

18.4　实验步骤

（1）编译运行的 test_mem.c 程序，理解进程用户空间的地址划分。

```
#include <stdio.h>
#include <stdlib.h>
//定义两个初始化的全局变量
int data_var0 = 10;
int data_var1 = 10;
//定义两个未初始化的全局变量
int bss_var0;
int bss_var1;
int main()
{
    //分别定义一个初始化和一个未初始化的静态变量
    static int data_var2 = 10;
    tatic int bss_var2;
    //定义 3 个局部变量
    int stack_var0 = 1;
    int stack_var1 = 1;
    int stack_var2 = 1;
    printf("------------TEXT Segment-----------\n");
    printf("Address of main: %p\n", main);
    printf("------------DATA Segment-----------\n");
    printf("Address of data_var0: %p\n", &data_var0);
    printf("Address of data_var1: %p\n", &data_var1);
    printf("Address of data_var2: %p\n", &data_var2);
    printf("------------BSS Segment-----------\n");
```

```
    printf("Address of bss_var0(BSS Segment): %p\n", &bss_var0);
    printf("Address of bss_var1(BSS Segment): %p\n", &bss_var1);
    printf("Address of bss_var2(BSS Segment): %p\n", &bss_var2);
    printf("------------ STACK Segment -----------\n");
    printf("Address of stack_var0: %p\n", &stack_var0);
    printf("Address of stack_var1: %p\n", &stack_var1);
    printf("Address of stack_var1: %p\n", &stack_var2);
    //使用 malloc 分配 3 个大小为 1024B 的内存
    char* heap_var0 = (char*)malloc(1024);
    char* heap_var1 = (char*)malloc(1024);
    char* heap_var2 = (char*)malloc(1024);
    //使用 malloc 分配 3 个大小为 512MB 的内存
    char* mmap_var0 = (char*)malloc(1024 * 1024 * 512);
    char* mmap_var1 = (char*)malloc(1024 * 1024 * 512);
    char* mmap_var2 = (char*)malloc(1024 * 1024 * 512);

    printf("------------ HEAP Segment -----------\n");
    if(heap_var0){
        printf("Address of heap_var0: %p\n", heap_var0);
        free(heap_var0);
        heap_var0 = NULL;
    }
    if(heap_var1){
        printf("Address of heap_var1: %p\n", heap_var1);
        free(heap_var1);
        heap_var1 = NULL;
    }
    if(heap_var2){
        printf("Address of heap_var2: %p\n", heap_var2);
        free(heap_var2);
        heap_var2 = NULL;
    }
    printf("------------ mmap -------------------\n");
    if(mmap_var0){
        printf("Address of mmap_var0: %p\n", mmap_var0);
        free(mmap_var0);
        mmap_var0 = NULL;
    }
    if(mmap_var1){
        printf("Address of mmap_var1: %p\n", mmap_var1);
        free(mmap_var1);
        mmap_var1 = NULL;
    }
    if(mmap_var2){
        printf("Address of mmap_var2: %p\n", mmap_var2);
        free(mmap_var2);
        mmap_var2 = NULL;
    }
    return 0;
}
```

(2) 编译运行 vm_mem.c 程序,查看进程地址情况。

```
#include <stdio.h>
#include <stdlib.h>
#include <unistd.h>

int main(int argc,char * * argv)
{
    int i;
    unsigned char * buff;

    buff = (char * )malloc(sizeof(char) * 1024);
    printf("My pid is: %d\n",getpid());
    for(i = 0;i < 60;i++)
    {
        sleep(60);
    }

    return 0;
}
```

要求:

编译程序,并在后台执行,类似于如图 18-7 所示的效果。

```
[root@localhost ~]# ./vm_mem &
[1] 1387
[root@localhost ~]# My pid is:1387
```

图 18-7　后台执行程序的效果

查看进程的虚存区,效果如图 18-8 所示(注:你的计算机上的进程号可能是另一个号,请按实际情况查看)。

```
[root@localhost ~]# cat /proc/1387/maps
00400000-00401000 r-xp 00000000 08:02 17439177                    /root/vm_mem
00600000-00601000 r--p 00000000 08:02 17439177                    /root/vm_mem
00601000-00602000 rw-p 00001000 08:02 17439177                    /root/vm_mem
024d7000-024f8000 rw-p 00000000 00:00 0                           [heap]
7ff2f14a9000-7ff2f166c000 r-xp 00000000 08:02 76402               /usr/lib64/libc-2.17.so
7ff2f166c000-7ff2f186b000 ---p 001c3000 08:02 76402               /usr/lib64/libc-2.17.so
7ff2f186b000-7ff2f186f000 r--p 001c2000 08:02 76402               /usr/lib64/libc-2.17.so
7ff2f186f000-7ff2f1871000 rw-p 001c6000 08:02 76402               /usr/lib64/libc-2.17.so
7ff2f1871000-7ff2f1876000 rw-p 00000000 00:00 0
7ff2f1876000-7ff2f1898000 r-xp 00000000 08:02 76395               /usr/lib64/ld-2.17.so
7ff2f1a8d000-7ff2f1a90000 rw-p 00000000 00:00 0
7ff2f1a95000-7ff2f1a97000 rw-p 00000000 00:00 0
7ff2f1a97000-7ff2f1a98000 r--p 00021000 08:02 76395               /usr/lib64/ld-2.17.so
7ff2f1a98000-7ff2f1a99000 rw-p 00022000 08:02 76395               /usr/lib64/ld-2.17.so
7ff2f1a99000-7ff2f1a9a000 rw-p 00000000 00:00 0
7ffd32403000-7ffd32424000 rw-p 00000000 00:00 0                   [stack]
7ffd32436000-7ffd32438000 r-xp 00000000 00:00 0                   [vdso]
ffffffffff600000-ffffffffff601000 r-xp 00000000 00:00 0           [vsyscall]
[root@localhost ~]#
```

图 18-8　进程内存使用情况示意

该文件有 6 列,分别为:

第一列为地址:库在进程里地址范围;

第二列为权限：虚拟内存的权限，r＝读，w＝写，x＝执行，s＝共享，p＝私有；

第三列为偏移量：库在进程里地址偏移量；

第四列为设备：映像文件的主设备号和次设备号，可以通过 cat /proc/devices 查看设备号对应的设备名；

第五列为节点：映像文件的节点号；

第六列为路径：映像文件的路径。

18.5 思考与练习

(1) 图 18-8 显示了进程的虚存区，根据显示的内容填写下表。

名　　称	地　　址	映 像 文 件
程序的代码段		
程序的数据段		
程序的堆段		
程序的栈段		

(2) 参考本实验 18.4 节中的程序，编写一个 C 语言程序，使用 malloc()函数尝试获取在用户空间申请内存的最大数。

第六部分

设备管理

Linux 把设备看作特殊的文件，系统采用处理文件的接口和系统调用来管理控制设备。本部分通过对设备文件的查看来了解 Linux 对设备的管理方式；通过对驱动程序的编译运行，了解 Linux 对设备的控制和操作过程。

第19章 设备查看与设备驱动

19.1 实验目的

(1) 理解设备文件与设备的关系,掌握设备信息的查询及设备文件在Linux操作系统中的应用。

(2) 了解Linux操作系统中的设备驱动程序的组成,简单驱动程序的编写、编译安装及测试的方法以及Linux操作系统是如何管理设备的。

19.2 实验环境

一台已安装好VMware软件的主机,虚拟机系统为CentOS 7。

19.3 预备知识

19.3.1 设备相关文件

Linux系统中将设备当作文件来处理,所以对设备操作的系统调用和对文件操作的系统调用类似,主要包括open()、read()、write()、ioctl()、close()等函数。

应用程序发出系统调用指令以后,会从用户态转换到内核态,通过内核将open()等函数的系统调用转换成对物理设备的操作。

设备文件分为两种:块设备文件(b)和字符设备文件(c)。

系统在文件/proc/devices中列出了字符和块设备的主设备号,以及分配到这些设备号的设备名称,如图19-1所示。

```
Character devices:
  1 mem
  4 /dev/vc/0
  4 tty
  4 ttyS
  5 /dev/tty
  5 /dev/console
  5 /dev/ptmx
  7 vcs
 10 misc
 13 input
 14 sound
```

图19-1 内核支持的设备及设备号示意

设备文件一般存放在/dev目录下,对常见设备文件作如下说明:

(1) /dev/mem:物理内存的全映像,可以直接存取物理内存。

(2) /dev/hd[a-t]:IDE硬盘设备。

(3) /dev/sd[a-z]:SCSI硬盘设备。

(4) /dev/ram[0-15]:内存。

(5) /dev/null:无限数据接收设备,相当于黑洞。

(6) /dev/zero:无限零资源。

(7) /dev/console：系统控制台，通常只有在单用户模式下，才允许用户登录控制台。

(8) /dev/tty：当前控制终端 tty 设备。

(9) /dev/tty[0-63]：虚拟控制台终端。

(10) /dev/ttyS[0-3]：串行端口终端。

(11) /dev/pts/n：在 Xwindow 模式下的伪终端，启动后产生/dev/pts/0，dev/pts/1 等。

(12) /dev/lp[0-3]：打印机。

(13) /dev/fb[0-31]：framebuffer 帧缓冲。

19.3.2 设备号

在设备管理中，除了设备类型(字符设备或块设备)外，内核还需要一对称作主、次设备号的参数，才能唯一表示设备。其中，主设备号(major number)用于标识设备对应的驱动程序，主设备号相同表示这些设备使用相同的驱动程序；而次设备号(minor number)由内核使用，用来区分具体设备的实例。

如图 19-2 所示，设备 sda 的主设备号为 8，次设备号为 0，其他 1、2、3 代表磁盘的不同分区。

```
[root@localhost dev]# ls -l sd*
brw-rw----. 1 root disk 8, 0 Dec 14 04:26 sda
brw-rw----. 1 root disk 8, 1 Dec 14 04:26 sda1
brw-rw----. 1 root disk 8, 2 Dec 14 04:26 sda2
brw-rw----. 1 root disk 8, 3 Dec 14 04:26 sda3
```

图 19-2 设备 sda 的主、次设备号示意

19.3.3 stat 命令

使用 stat 命令也可以显示设备的信息，如图 19-3 所示。

```
[root@bogon boot]# stat /dev/sda1
  File: `/dev/sda1'
  Size: 0               Blocks: 0          IO Block: 4096   block special file
Device: 5h/5d   Inode: 6193        Links: 1     Device type: 8,1
Access: (0660/brw-rw----)  Uid: (    0/    root)   Gid: (    6/    disk)
Access: 2014-12-01 23:02:10.532944078 -0800
Modify: 2014-12-01 23:02:10.396937963 -0800
Change: 2014-12-01 23:02:10.396937963 -0800
```

图 19-3 使用 stat 命令显示设备信息效果

19.3.4 设备驱动程序

Linux 设备驱动程序是处理或操作硬件控制器的软件，被集成在内核中，是常驻内存的低级硬件处理程序的共享库。Linux 操作系统允许设备驱动程序作为可加载内核模块实现，也就是说，设备的接口实现不仅可以在 Linux 操作系统启动时进行注册，而且还可以在 Linux 操作系统启动后通过加载模块时进行注册。

Linux 的驱动程序分为字符设备驱动程序和块设备驱动程序两种基本类型。

1. 字符设备驱动程序

字符设备驱动程序是指只能按字节读写的设备，不能随机读取设备内存中的某一数据，

读取数据需要按照先后顺序。字符设备是面向流的设备，常见的字符设备有鼠标、键盘、串口、控制台和LED设备等。

2. 块设备驱动程序

块设备驱动程序是指可以从设备的任意位置读取一定长度数据的设备。块设备包括硬盘、磁盘、U盘和SD卡等。

19.4 实验步骤

19.4.1 设备查看操作

(1) 列出/dev下的设备文件信息，以获取fb0(frame缓冲)、console(控制台)、tty(终端)和sd硬盘(SCSI硬盘)设备(如果有的话)的主设备号和次设备号。

(2) 查看文件/proc/devices中的内容，列出题目(1)中所查看到的设备的相应信息。

(3) 用stat命令查看题目(1)中列出的设备文件sda和tty的内容(包括i节点号，设备号等)。

(4) 打开控制终端tty1、tty2、tty3、tty4，在tty4用echo命令分别往tty1，tty2，tty3输出如下信号：

```
This is a message to be output on tty1
This is a message to be output on tty2
This is a message to be output osn tty3
```

示例：echo "This is a message to be output on tty1" > /dev/tty1

19.4.2 驱动程序示例

1. 字符设备驱动程序

scdev.c文件是一个字符设备驱动程序。该驱动程序在内核空间中申请一段大小为1KB的内存，通过对内存的读写来模拟对设备的读写。

示例驱动实现了以下5个文件操作。

(1) read操作：读取内存中信息，并打印相关信息。

(2) write操作：更新内存中的信息，并打印相关信息。

(3) lseek操作：更新文件读写位置，并打印相关信息。

(4) open操作：仅打印一条信息后退出。

(5) release操作：仅打印一条信息后退出。

通过各种操作打印的信息，可跟踪并理解应用程序对文件的操作过程。

scdev.c文件内容如下：

```
#include <linux/module.h>
#include <linux/init.h>
#include <linux/fs.h>
#include <linux/errno.h>
#include <linux/types.h>
#include <linux/fcntl.h>
```

```
#include <linux/cdev.h>
#include <asm/uaccess.h>
#include <linux/slab.h>

#define DATA_SIZE 1024                          //内存缓冲区大小为 1024B
struct sc_dev{
    char *   data;                              //内存缓冲区,用来模拟设备
    struct   semaphore sem;                     //互斥锁,保护临界区
    struct   cdev cdev;                         //字符设备数据结构
};
struct sc_dev sc_device;
int sc_major = 0;                               //保存主设备号
int sc_minor = 0;                               //保存次设备号

//初始化及卸载函数
static int sc_init(void);
static void sc_exit(void);
//本驱动实现五个文件操作:open、release、write、read 及 llseek
int sc_open(struct inode * inode, struct file * filp);
int sc_release(struct inode * inode, struct file * filp);
ssize_t sc_write(struct file * filp, const char __user * buf, size_t count, loff_t * f_pos);
ssize_t sc_read(struct file * filp, char __user * buf, size_t count, loff_t * f_pos);
loff_t sc_llseek(struct file * filp, loff_t off, int whence);

//初始化 file_operations 结构
struct file_operations sc_fops = {
    .owner   =  THIS_MODULE,
    .llseek  =  sc_llseek,
    .read    =  sc_read,
    .write   =  sc_write,
    .open    =  sc_open,
    .release = sc_release,
};

//初始化函数
static int sc_init(void)
{
    int result;
    dev_t dev = 0;
    char init_buf[] = "initialize data!";

    //动态申请主、次设备号
    result = alloc_chrdev_region(&dev, sc_minor, 1, "scdev");
    if(result < 0){
        printk("sc: alloc major failed.\n");
        return result;
    }

    //为设备申请大小为 1024B 的缓冲区,并对其进行初始化
    sc_device.data = kmalloc(DATA_SIZE * sizeof(char), GFP_KERNEL);
    sc_major = MAJOR(dev);                      //获取分配的主设备号
```

```
    if(!sc_device.data){
        printk("sc: alloc data buf failed.\n");
        result = - ENOMEM;
        goto fail;                          //清理工作
    }
    memset(sc_device.data, 0 , DATA_SIZE);
    memcpy(sc_device.data, init_buf, sizeof(init_buf));
    sema_init(&sc_device.sem, 1);           //初始化互斥信号量

    //注册字符设备
    cdev_init(&sc_device.cdev, &sc_fops);
    sc_device.cdev.owner = THIS_MODULE;
    sc_device.cdev.ops = &sc_fops;
    cdev_add(&sc_device.cdev, dev, 1);

    printk("sc: load driver.\n");
    return 0;

fail://调用卸载函数进行清理
    sc_exit();
    return result;
}

//模块卸载函数
static void sc_exit(void)
{
    dev_t devno = MKDEV(sc_major, sc_minor);
    //释放分配的内存
    if(sc_device.data){
        kfree(sc_device.data);
    }
    //从系统中移除设备
    cdev_del(&sc_device.cdev);
    //释放设备编号
    unregister_chrdev_region(devno, 1);
    printk("sc: unload driver.\n");
}

//open()函数:仅打印从 inode 获取的主、次设备号后退出
int sc_open(struct inode * inode, struct file * filp)
{
    int major, minor;
    major = imajor(inode);
    minor = iminor(inode);
    printk("sc: Open device, major = %d,minor = %d\n", major, minor);
    return 0;
}
//release()函数:仅打印从 inode 获取的主、次设备号后退出
int sc_release(struct inode * inode, struct file * filp)
{
    int major, minor;
```

```
    major = imajor(inode);
    minor = iminor(inode);
    printk("\nsc: Close device, major = %d,minor = %d\n", major, minor);
    return 0;
}
//read()函数:从 f_pos 指示的位置去读取给定长度的字符串,并将其复制到用户空间
ssize_t sc_read(struct file *filp, char __user *buf, size_t count, loff_t *f_pos)
{
    int result = 0;
    if( *f_pos >= DATA_SIZE){
        return 0;
    }
    if(count + *f_pos > DATA_SIZE){
        count = DATA_SIZE - *f_pos;
    }
    down_interruptible(&sc_device.sem);      //加锁
    //将内容复制到用户空间
    result = copy_to_user(buf, sc_device.data + *f_pos, count);
    up(&sc_device.sem);                      //解锁
    if(!result){
        *f_pos += count;                     //读/写位置后移
        printk("sc: read %d successed!\n", count);
    }else{
        *f_pos += (count - result);
        printk("sc: read %d successed!\n", count - result);
    }
    return count - result;
}
//write()函数:向 f_pos 指示的位置写给定长度的字符串
ssize_t sc_write(struct file *filp, const char __user *buf, size_t count, loff_t *f_pos)
{
    int result = 0;
    if( *f_pos >= DATA_SIZE){
        return 0;
    }
    //如果要写的位置超过 1024B,直接返回
    if(count + *f_pos > DATA_SIZE){
        count = DATA_SIZE - *f_pos;
    }
    down_interruptible(&sc_device.sem);  //加锁
    //将 *f_pos 指示位置之后的内容全部清零
    memset(sc_device.data + *f_pos, 0 , (DATA_SIZE - *f_pos) * sizeof(char));
    //将信息从用户空间复制到内存缓存区
    result = copy_from_user(sc_device.data + *f_pos, buf, count);
    up(&sc_device.sem);                  //解锁
    if(!result){
        *f_pos += count;                 //读/写位置后移
        printk("sc: write %d successed!\n", count);
    }else{
        *f_pos += (count - result);
        printk("sc: write %d successed!\n", count - result);
```

```
    }
    return count - result;
}
//seek()函数:将读/写指针移动到给定的位置
loff_t sc_llseek(struct file * filp, loff_t off, int whence)
{
    loff_t newpos;
    switch(whence){
        case 0:                         //SEEK_SET
            newpos = off;
            break;
        case 1:                         //SEEK_CUR
            newpos = filp->f_pos + off;
            break;
        case 2:                         // SEEK_END
            newpos = DATA_SIZE + off;
            break;
        default:
            return -EINVAL;
    }
    if(newpos < 0){
        newpos = 0;
    }else if(newpos > 1024){
        newpos = 1024;
    }
    filp->f_pos = newpos;
    printk("sc: seek to %ld\n", (long)newpos);
    return newpos;
}
module_init(sc_init);
module_exit(sc_exit);
MODULE_AUTHOR("ccec");
MODULE_LICENSE("Dual BSD/GPL");
```

2. makefile 文件

makefile 文件是驱动程序的编译文件，关于 makefile 文件的作用及规则，请参见附录 D。

makefile 文件内容如下：

```
ifneq ($(KERNELRELEASE),)
    obj-m := scdev.o
else
    KERNELDIR ?= /lib/modules/$(shell uname -r)/build
    PWD := $(shell pwd)
modules:
    $(MAKE) -C $(KERNELDIR) M=$(PWD) modules
clean:
    rm -rf *.cmd *.o *.ko *.mod.* Module.* .tmp_versions
endif
```

3. 驱动加载脚本 sc_load 文件

```
#!/bin/sh
module="scdev"
device="scdev"

# insert scdev
/sbin/insmod ./$module.ko $* || exit 1

# retrieve major number
major=$(awk "\$2==\"$module\" {print \$1}" /proc/devices)

# Remove stale nodes and replace them
rm -f /dev/${device}
mknod /dev/${device} c $major 0
```

4. 驱动卸载脚本 sc_unload 文件

```
#!/bin/sh
module="scdev"
device="scdev"

# remove scdev
/sbin/rmmod $module $* || exit 1

# Remove stale nodes
rm -f /dev/${device}
```

5. 测试程序 tst_scdev.c 文件

```
#include <sys/types.h>
#include <sys/stat.h>
#include <stdio.h>
#include <fcntl.h>
#include <string.h>

main()
{
    int fd;
    char write_buf1[] = "this is the first information writed by tst_scdev.";
    char write_buf2[] = "this is the second information writed by tst_scdev.";
    char buf[100];
    memset(buf, 0 , 100);
    //打开设备文件
    fd = open("/dev/scdev", O_RDWR,S_IRUSR|S_IWUSR);
    if(fd != -1)
    {
        //向设备文件两次写数据
        write(fd, write_buf1, sizeof(write_buf1));
        write(fd, write_buf2, sizeof(write_buf2));
        //将读写位置置为文件开头
        lseek(fd, 0, SEEK_SET);
```

```
        //分两次读前面写入的数据并打印
        read(fd, buf, sizeof(write_buf1));
        printf("tst_prog: %s\n", buf);
        memset(buf, 0 , 100);
        read(fd, buf, sizeof(write_buf2));
        printf("tst_prog: %s\n", buf);
        //关闭设备文件
        close(fd);
    }else{
        printf("open file failed!\n");
    }
}
```

6. 编译驱动程序并完成驱动程序的测试

编译驱动程序的步骤如下：

(1) make 命令编译；

(2) 执行脚本 sc_load 加载驱动；

(3) 测试驱动程序的功能。

19.5 思考与练习

(1) Linux 中把设备作为文件有何特点？

(2) 简述 Linux 设备驱动程序的主要功能。

第七部分

Linux网络配置与管理

Linux 提供了一套功能强大、操作方便的网络平台和高效的网络配置工具。这些工具可以用来设置网卡的 IP 地址、子网掩码、路由信息以及网络服务的配置、网络状态检测和信息跟踪等。本部分通过对 CentOS 7 中的网络配置文件进行查看和修改，掌握 Linux 常用网络参数的配置方法；通过 shell 程序设计的学习，了解 Linux 中实现自动化管理、运行维护的方法；通过安装虚拟化软件，了解 Linux 中基于 KVM 的虚拟化技术。

第 20 章　网络配置与 shell 编程

20.1　实 验 目 的

(1) 掌握 Linux 网络参数的查看及配置方法，理解网络参数的含义。

(2) 了解 Linux 下的 shell 编程。

20.2　实 验 环 境

一台已安装好 VMware 软件的主机，虚拟机系统为 CentOS 7。

20.3　预 备 知 识

20.3.1　网络参数配置方法

1. Linux 的网络参数配置文件

CentOS 7 的网络配置文件非常多，针对网络参数的配置，常用的文件及含义如表 20-1 所示。

表 20-1　常用网络参数配置文件

文件名及存储位置	保 存 信 息
/etc/hostname	用于修改主机名称
/etc/sysconfig/network	包含主机最基本的网络信息，用于系统启动
/etc/sysconfig/network-scripts/ifcfg-*	系统启动时网卡配置信息
/etc/host.conf	配置域名服务客户端的控制文件
/etc/resolv.conf	设置 DNS 的相关信息，用于将域名解析到 IP 地址
/etc/hosts	完成主机名映射为 IP 地址的功能
/etc/protocols	设定主机使用的协议以及各个协议的协议号
/etc/services	设定主机的不同端口的网络服务

2. 网络参数的配置方法

配置方法主要有使用 shell 命令和修改配置文件两种方式。

1) 使用 shell 命令

常用的修改网络参数的 shell 命令主要有以下 3 个。

(1) ifconfig。

功能：查看或配置网络接口。

语法：ifconfig [接口] [aftype] options | address ...

ifconfig 的常用选项及说明如表 20-2 所示。

表 20-2 ifconfig 的常用选项及说明

选 项	说 明
接口	通常是一个后跟单元号的驱动设备名，例如第一个以太接口 eth0。如果省略，就表示是查看所有接口的信息
up	此选项激活接口。如果给接口声明了地址，等于隐含声明了这个选项
down	此选项使接口驱动设备关闭
netmask addr	为接口设定 IP 网络掩码。默认值通常是 A，B 或 C 类的网络掩码(由接口的 IP 地址推出)，但也可设为其他值
[-]broadcast [addr]	如果给出了地址参数，就可以为接口设定该协议的广播地址；否则，为接口设置(或清除)IFF_BROADCAST 标志
address	为接口分配的 IP 地址

[说明]

ifconfig 用于配置常驻内核的网络接口，只在需要调试及系统调整时才使用。系统不会保存设置的参数，也就是说，系统重启后配置将失效。如没有给出接口参数，ifconfig 将显示当前有效接口的状态。如给定单个接口作为参数，它只显示给出的那个接口的状态或者对一个接口进行配置。

另外，ifconfig 命令在 CentOS 7 中已经默认不安装了，如果要使用该命令，需要用户自己安装软件包 net-tools。安装方法可以参见附录 B。

示例：

```
# ifconfig  eth0  up                               开启 eth0 网卡
# ifconfig  eth0  down                             关闭 eth0 网卡
# ifconfig  eth0  192.168.0.2/24                   设置 eth0 网卡 IP 地址及网络前缀
# ifconfig  eth0  192.168.0.2  netmask  255.255.255.0    功能基本同上
```

(2) route。

功能：显示/操作 IP 路由表。

语法：该命令的用法较复杂，有如下 4 种形式。

```
① route [ - CFvnee]
② route  [ - v]  [ - A   family] add [ - net| - host] target [netmask Nm] [gw Gw] [metric N]
[mss M] [window W] [irtt  I][reject] [mod] [dyn]  [rein - state] [[dev] If]
③ route  [ - v]  [ - A   family]  del [ - net| - host] target [gw Gw][netmask Nm] [metric N]
[[dev] If]
④ route  [ - V] [ - - version] [ - h] [ - - help]
```

route 的常用选项及说明如表 20-3 所示。

表 20-3 route 的常用选项及说明

选　项	说　明	选　项	说　明
-net	路由目标为网络	del	删除一条路由
-host	路由目标为主机	add	添加一条路由

[说明]

在 CentOS 7 中同样需要安装软件包 net-tools 才能使用该命令。

示例:

```
# route add  -net 192.168.1.0/24  gw  192.168.1.254     设置到 192.168.1.0 网段的网关为
192.168.1.254
# route del  -net 192.168.1.0/24                       删除 192.168.1.0 网段的网关信息
```

(3) ip。

功能:查看或配置网络接口参数。

语法:ip [OPTIONS] OBJECT { COMMAND | help }

① OBJECT : = { link | address | addrlabel | route | rule | neigh | ntable | tunnel | tuntap | maddress | mroute | mrule | monitor | xfrm | netns | l2tp | tcp_metrics | token | macsec }

② OPTIONS : = { - V[ersion] | - h[uman - readable] | - s[tatistics] | - d[etails] | - r[esolve] | - iec | - f[amily] { inet | inet6 | ipx | dnet | link } | - 4 | - 6 | - I | - D | - B | - 0 | - l[oops] { max - mum - addr - flush - attempts } | - o[neline] | - rc[vbuf] [size] | - t[imestamp] | - ts[hort] | - n[etns] name | - a[ll] | - c[olor] }

③ COMMAND: add | delete | show | list

[说明]

该命令比较复杂,且功能强大,用于替换 ifconfg 和 route 等命令,安装系统时,默认安装此命令。

示例(以下例子主要来自于 ip 命令的 man 手册页):

```
# ip addr                                   显示所有网络接口信息
# ip link set x up                          激活网卡 x
# ip link set x down                        禁用网卡 x
# ip route                                  显示路由表
# ip address add 192.168.0.1/24 dev eth0    设置 eth0 网卡 IP 地址
# ip address del 192.168.0.1/24 dev eth0    删除 eth0 网卡 IP 地址
```

2) 修改配置文件

使用 shell 命令能够修改网络参数,但通常都不能保存,如果用户想让设置的网络参数永久有效,就需要使用修改配置文件的方法。

可以通过 shell 命令查看当前网络参数,使用 vi 文本编辑器等工具修改配置文件,然后保存文件,以达到修改网络参数的目的。

下面以修改网卡配置文件为例说明。如图 20-1 所示的内容显示了当前网卡的配置信息。

图 20-1 所示中的网卡的部分参数以及常用的网络参数及说明如表 20-4 所示。

```
[root@localhost ~]# cat -n /etc/sysconfig/network-scripts/ifcfg-ens33
     1  TYPE=Ethernet
     2  PROXY_METHOD=none
     3  BROWSER_ONLY=no
     4  BOOTPROTO=dhcp
     5  DEFROUTE=yes
     6  IPV4_FAILURE_FATAL=no
     7  IPV6INIT=yes
     8  IPV6_AUTOCONF=yes
     9  IPV6_DEFROUTE=yes
    10  IPV6_FAILURE_FATAL=no
    11  IPV6_ADDR_GEN_MODE=stable-privacy
    12  NAME=ens33
    13  UUID=38ba4dfd-a6eb-475b-9a8b-7feefabb7064
    14  DEVICE=ens33
    15  ONBOOT=yes
[root@localhost ~]#
```

图 20-1 CentOS 7 中网卡配置内容示意

表 20-4 网卡设置参数及说明

参　　数	说　　明
TYPE	网络连接类型
BOOTPROTO	使用动态 IP,还是静态 IP
ONBOOT	系统启动时是否启用此网络接口
DEFROUTE	值为 yes 时,NetworkManager 将该接口设置为默认路由
IPV4_FAILURE_FATAL	设置为 yes 时,当连接发生致命错误时,系统会尽可能让连接保持可用
IPV6INIT	值为 yes 时启用 IPv6
IPV6_AUTOCONF	自动配置该连接
IPV6_DEFROUTE	值为 yes 时,NetworkManager 将该接口设置为默认路由
IPV6_FAILURE_FATAL	设置为 yes 时,当连接发生致命错误时,系统会尽可能让连接保持可用
NAME	连接名
DEVICE	设备名
UUID	设置的唯一 ID,此值与网卡对应
GATEWAY	网关
DNS1	域名服务器地址,当有多个时可以使用不同的数字,以示区别
IPADDR	IP 地址
NETMASK 或 PREFIX	子网掩码或网络前缀

使用 vi/vim 文本编辑器打开该文件,完成配置文件的修改。例如,修改时使用静态地址,IP 地址为 192.168.10.100,子网掩码为 255.255.255.0。修改的地方是:

```
BOOTPROTO = none(也可以是 static)
IPADDR = 192.168.10.100(需要设置 IP 地址)
PREFIX = 24(需要设置子网掩码,也可以使用 NETMASK = 255.255.255.0)
```

设置完成后的效果如图 20-2 所示。

修改完成后,保存配置文件。注意,修改完成后,需要使用命令重启网络服务,让配置文件生效。命令如下:

```
[root@localhost ~]# systemctl restart network
```

```
TYPE=Ethernet
PROXY_METHOD=none
BROWSER_ONLY=no
BOOTPROTO=no
IPADDR=192.168.10.100
PREFIX=24
DEFROUTE=yes
IPV4_FAILURE_FATAL=no
IPV6INIT=yes
IPV6_AUTOCONF=yes
IPV6_DEFROUTE=yes
IPV6_FAILURE_FATAL=no
IPV6_ADDR_GEN_MODE=stable-privacy
NAME=ens33
UUID=38ba4dfd-a6eb-475b-9a8b-7feefabb7064
DEVICE=ens33
ONBOOT=yes
```

图 20-2　修改网络参数效果

最后，使用 ip 命令可以查看修改后的结果，如图 20-3 所示。

```
[root@localhost ~]# ip addr
1: lo: <LOOPBACK,UP,LOWER_UP> mtu 65536 qdisc noqueue state UNKNOWN group defa
    link/loopback 00:00:00:00:00:00 brd 00:00:00:00:00:00
    inet 127.0.0.1/8 scope host lo
       valid_lft forever preferred_lft forever
    inet6 ::1/128 scope host
       valid_lft forever preferred_lft forever
2: ens33: <BROADCAST,MULTICAST,UP,LOWER_UP> mtu 1500 qdisc pfifo_fast state UP
00
    link/ether 00:0c:29:b0:04:7d brd ff:ff:ff:ff:ff:ff
    inet 192.168.10.100/24 brd 192.168.10.255 scope global ens33
       valid_lft forever preferred_lft forever
```

图 20-3　配置文件生效后的结果

在图 20-3 中可以看到，IP 地址和子网掩码均按照要求修改完成。

20.3.2　shell 程序编程简介

Linux 的 shell 程序是一种解释型语言，只有当程序在运行的时候才翻译。相对于其他解释型语言，如 Perl，Python，Awk 等，shell 程序具有以下优点：

(1) 简洁性

shell 程序所处的内核外层环境使得任何高级操作成为可能。

(2) 开发容易

GNU 经过多年的千锤百炼，使 Linux 的工具集变成了程序员手中的利器，它们都很好地遵循了 UNIX 哲学，在这些前人知识的基础上，使开发变得很容易。

(3) 便于移植

由于 POSIX 接口的支持，shell 程序只要写一次，就能无障碍地运行于众多 UNIX/Linux 版本上。

1. shell 程序的基本组成

shell 程序也叫 shell 脚本程序，简称为脚本。图 20-4 所示的是一个简单的 shell 脚本程序，这里有几个地方需要注意：

(1) 第一行的“#! /bin/bash”指定执行脚本的 shell 程序，这一行是必需的，告诉系统执行该 shell 程序所要使用的 shell 程序类型。

(2) 第 2 行中的"#"字符号表示注释,shell 脚本程序中使用"#"字符号对当前行进行注释。

(3) shell 脚本程序实际上就是把 shell 命令写在一个文件里面,然后一起执行。这一点与 Windows 下的批处理命令文件类似。不过 shell 脚本程序还有一套程序设计方法,将在下面进行介绍。

```
#! /bin/bash
# This is a example.
echo "We are currently in the following directory:"
pwd
echo   #insert an empty line in output.
echo "This directory contains the following files:"
ls
```

图 20-4 一个简单的 shell 程序示例

图 20-5 所示的是该 shell 脚本程序执行后的结果。

```
[root@localhost ~]# sh exp1.sh
We are currently in the following directory:
/root

This directory contains the following files:
anaconda-ks.cfg  exp1.sh
[root@localhost ~]#
```

图 20-5 shell 程序执行后的结果

2. shell 脚本程序的建立和执行

1) shell 脚本程序的建立

shell 脚本程序的建立可以使用 vi 文本编辑器来创建编辑脚本文件。

2) shell 脚本程序的执行方式

(1) 以脚本名作为参数在 shell 程序上直接运行。其一般形式是:

```
$bash  脚本名  [参数]
```

(2) 直接运行脚本程序。

需要首先将 shell 脚本的权限设置为可执行,然后在提示符下直接执行它。

示例(假如脚本名字为 ex2.sh):

```
$ chmod  a+x  ex2.sh
$ ./ex2.sh
```

3. shell 程序控制结构

下面简要介绍 shell 程序设计中的一些控制结构。

1) if 语句

一般格式为:

```
if   条件测试
then  命令 1
else  命令 2
```

```
fi
```

示例 1：

```
if  test  -f  "$1"
then  echo  "$1  is  an  ordinary  file."
else  echo  "$1  is  not  an  ordinary  file."
fi
```

if 语句的 else 部分还可以是 else-if 结构，则用关键字“elif”代替“else if”。

示例 2：

```
if  test  -f  "$1"
then  pr  $1
elif  test  -d  "$1"
then  ( cd  $1;  pr * )
else  echo  "$1  is  neither  a  file  nor  a  directory."
fi
```

2) 条件测试

在 if 语句(包括后面的循环结构中的条件判断部分等)，测试条件有下面两种形式。

(1) 使用 test 命令，类似于 test EXPRESSION。

示例 3：test -f "$1"

表示测试传入的第一个参数是否为普通文件。

(2) 使用一对方括号将测试条件括起来，类似于[EXPRESSION]。

示例 4：[-f “$1”](注意前后都有空格)

示例 4 和示例 3 两者等价。

(3) 条件测试运算符。条件测试中的运算符有多种，常见的运算符主要分为四类：文件测试运算符(表 20-5)、字符串测试运算符(表 20-6)、数值测试运算符(表 20-7)和逻辑运算符(表 20-8)。

表 20-5 文件测试运算符的参数及功能

参　数	功　能
-r 文件名	若文件存在并且是用户可读的，则测试条件为真
-w 文件名	若文件存在并且是用户可写的，则测试条件为真
-x 文件名	若文件存在并且是用户可执行的，则测试条件为真
-f 文件名	若文件存在并且是普通文件，则测试条件为真
-d 文件名	若文件存在并且是目录文件，则测试条件为真
-p 文件名	若文件存在并且是命名的 FIFO 文件，则测试条件为真
-b 文件名	若文件存在并且是块设备文件，则测试条件为真
-c 文件名	若文件存在并且是字符设备文件，则测试条件为真
-s 文件名	若文件存在并且文件的长度大于 0，则测试条件为真
-t 文件描述字	若文件被打开且其文件描述字是与终端设备相关的，则测试条件为真。默认的“文件描述字”是 1

表 20-6　字符串测试运算符的参数及功能

参　　数	功　　能
-z s1	如果字符串 s1 的长度为 0,则测试条件为真
-n　s1	如果字符串 s1 的长度大于 0,则测试条件为真
s1	如果字符串 s1 不是空字符串,则测试条件为真
s1 ＝ s2	如果 s1 等于 s2,则测试条件为真。“＝”也可以用“＝＝”代替。在“＝”前后应有空格
s1 ！＝ s2	如果 s1 不等于 s2,则测试条件为真
s1 ＜ s2	如果按字典顺序 s1 在 s2 之前,则测试条件为真
s1 ＞ s2	如果按字典顺序 s1 在 s2 之后,则测试条件为真

表 20-7　数值测试运算符的参数及功能

参　　数	功　　能
n1 -eq　n2	如果整数 n1 等于 n2,则测试条件为真
n1 -ne　n2	如果整数 n1 不等于 n2,则测试条件为真
n1 -lt　n2	如果 n1 小于 n2,则测试条件为真
n1 -le　n2	如果 n1 小于或等于 n2,则测试条件为真
n1 -gt　n2	如果 n1 大于 n2,则测试条件为真
n1 -ge　n2	如果 n1 大于或等于 n2,则测试条件为真

表 20-8　逻辑运算符的参数及功能

参　　数	功　　能
!	逻辑非(NOT),它放在任意逻辑表达式之前,表示取反
&&	逻辑与(AND),它放在两个逻辑表达式中间,仅当两个表达式都为真时,结果才为真
||	逻辑或(OR),它放在两个逻辑表达式中间,其中只要有一个表达式为真,结果就为真

3）case 语句

```
case    字符串  in
        模式字符串 1)  命令
                       …
                       命令;;
        模式字符串 2)  命令
                       …
                       命令;;
          …
        模式字符串 n)  命令
                       …
                       命令;;
esac
```

4）while 语句

while 语句的一般形式是：

```
while  测试条件
do
命令表(循环体)
```

```
done
```

5) until 语句

until 语句的一般形式是：

```
until  测试条件
do
命令表(循环体)
done
```

注，until 与 while 语句很相似，只是测试条件不同。until 语句当测试条件为假时，才进入循环体，直至测试条件为真时终止循环。

6) for 语句

for 循环使用方式主要有两种：一种是值表方式，另一种是算术表达式方式。

(1) 值表方式。其一般格式是：

```
for 变量 [ in 值表 ]; do 命令表;done
```

格式示例：

```
for  变量  in  值表
do
    命令表
done
```

(2) 算术表达式方式。其一般格式是：

```
for (( e1;e2;e3)) ; do  命令表;done
```

或者

```
for ((e1;e2;e3))
do
    命令表
done
```

其中，e1，e2，e3 是算术表达式。它的执行过程与 C 语言中的 for 循环语句相似。

7) break 命令和 continue 命令

(1) break 命令。break 命令使程序从循环体中退出来。其语法格式是：

```
break
```

(2) continue 命令。continue 命令跳过在循环体之后的语句，并回到本层循环的开头，进行下一次循环。其语法格式是：

```
continue
```

4. shell()函数

1) shell()函数的定义

在 shell 脚本中可以定义并使用函数。其定义格式为：

```
[function]函数名( )
```

```
{
    命令表
}
```


函数应先定义，后使用。在调用函数时，直接利用函数名，如 showfile，不必带圆括号。shell 脚本与函数间的参数传递可利用位置参数和变量直接传递。

2）位置参数

位置变量的名称很特别，分别是 0，1，2，…。命令行实参与脚本中位置变量的对应关系如图 20-6 所示。

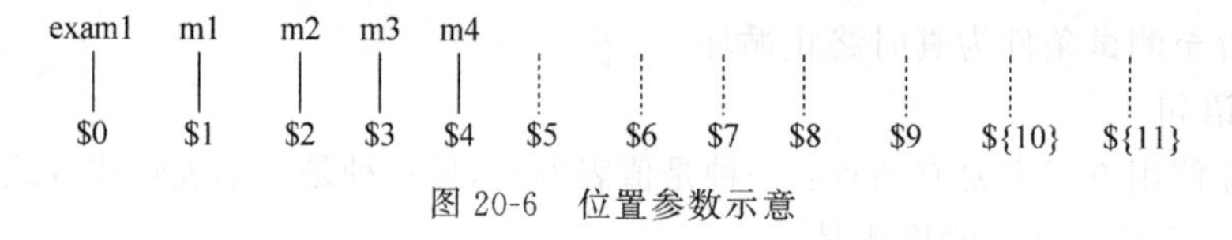

图 20-6　位置参数示意

引用它们的方式依次是 $0，$1，$2，…，$9，${10}，${11}等。

其中，$0 始终表示命令名或 shell 脚本名。

20.4　实验步骤

20.4.1　网络参数查看及配置

（1）使用命令，查看系统的 IP 地址。

（2）使用命令将 IP 地址修改为 192.168.1.1，子网掩码为 255.255.255.0，广播地址为 192.168.1.255。

（3）使用命令可停用或重启当前的网卡。

（4）使用修改网络接口配置文件的方式实现（2）的要求，并比较与（2）中命令方式的不同。

（5）为网卡配置多个 IP 地址（地址 1：192.168.1.1/24，地址 2：192.168.2.2/24）。

20.4.2　shell 程序设计

1. shell 程序示例

下面是一个简单的交互式归档程序。用户通过菜单的选择来确定该程序的功能：恢复文档、后备文档或转储文档（来自或到磁盘上）。它要求用户指定一个目录，根据选择进行操作，并对用户的选择进行检查，判别是否有误。

shell 程序代码如下：

```
#!/bin/bash
#交互式恢复、后备或转储一个目录的程序
#menu()函数——显示菜单
function menu()
{
        echo "请从下面的菜单中做选择"
        echo
```

```
        echo "1 将文档恢复到 $ 1"
        echo "2 后备 $ 1"
        echo "3 转储 $ 1"
    }
    # choice()函数——读取并执行用户的选择
    function choice()
    {
        echo -e "输入你的选择:\c"
        read CHOICE
        case "$ CHOICE" in
        1)echo "恢复..."
          cpio -i < /dev/rfd0;;
        2)echo "存档..."
          ls | cpio -o > /dev/rfd0;;
        3)echo "转储..."
          ls | cpio -o > /dev/rfd0;;
        *)echo "对不起! $ CHOICE 选择不合法"
        esac
}
# checkerr()函数——查看 cpio 执行时的错误
function checkerr()
{
        if(( $ ?!= 0));then
                echo "处理过程出现问题"
                if(( $ CHOICE == 3 ));then
                echo "该目录不能被清除"
                fi
                echo "请查看设备,再试一次"
                exit 2
        elif(( $ CHOICE  == 3));then
                rm *
        fi
}
echo "欢迎使用交互式归档程序"
echo "输入你的选择:Y 或 y 表示进入系统,其他表示不进入"
read ANSWER
while [  $ ANSWER  =  "Y"  -o  $ ANSWER  =  "y" ]
do
        echo
        # 读取并验证目录名
        echo -e "请输入你要归档的目录?\c"
        read DIR
        if [ !  -d  $ DIR ];then
                echo "对不起!你输入的不是目录"
                exit 1
        fi
        # 使输入的目录成为当前工作目录
        cd  $ DIR
        menu  $ DIR
        choice
        checkerr
```

```
        echo -e "你想再选一次吗?\c"
        read ANSWER
done
```


要求：阅读该程序，在 Linux 中运行该程序，体会 Linux 的 shell 程序的编写方法。

2. 练习 shell 程序的编写

实现自动创建 20 个用户的编程，设置初始密码。要求：用户名格式为 stdXX(如 std01,std02,…,std10,std11,…)，密码和用户名一致(例如，std01 用户的初始密码为 std01,std10 用户的密码为 std10)。

提示：用户密码自动设置可以通过 passwd --stdin 命令读入，将用户名作为输入参数通过管道读入。

20.5 思考与练习

如果 Linux 系统不能识别出计算机所安装的网卡，该如何解决？

第21章 基于KVM的虚拟机安装

21.1 实验目的

(1) 了解Linux中KVM的概念。
(2) 掌握Linux中虚拟化配置的基本方法。

21.2 实验环境

一台已安装好VMware软件的主机，虚拟机系统为CentOS 7。要求系统为桌面系统。

21.3 预备知识

1. KVM基本概念

KVM(Kernel based Virtual Machine)是指基于内核的虚拟系统。在CentOS 7中，KVM已经成为系统内置的核心模块。

KVM采用软件方式实现了虚拟机使用的许多核心硬件设备，并提供相应的驱动程序，这些仿真的硬件设备是实现虚拟化的关键技术。

KVM的架构如图21-1所示。KVM是内核的一个模块，用户空间通过Qemu模拟硬件提供给虚拟机使用，一台虚拟机就是一个普通的Linux进程，通过对这个进程的管理，就可以完成对虚拟机的管理。

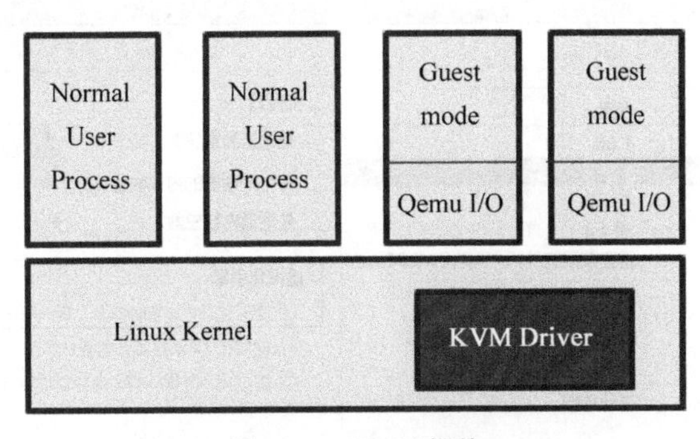

图21-1　KVM架构

2. CentOS 7 中的虚拟化软件包

要在 CentOS 7 中使用虚拟化，需要安装多个软件包，包括 qemu-kvm、qemu-img，这两个软件包提供了 KVM 虚拟化环境以及磁盘镜像的管理功能，它们是必需的。另外，还可以安装一些管理工具，如 virsh 和 virt-manager 来管理虚拟机。其中 virsh 是一个基于命令行的工具，利用该工具可以完成所有的虚拟机管理任务，包括创建和管理虚拟机、查询虚拟机的配置和运行状态等；另一个工具 virt-manager 是一套基于图形界面的虚拟化管理工具，在易用性上好于 virsh。

21.4 实验步骤

21.4.1 安装虚拟化软件包

（1）可以通过 yum 命令在 CentOS 7 上安装 qemu-kvm 和 qemu-img 软件包，如图 21-2 所示，yum 命令的具体使用可参见附录 B。

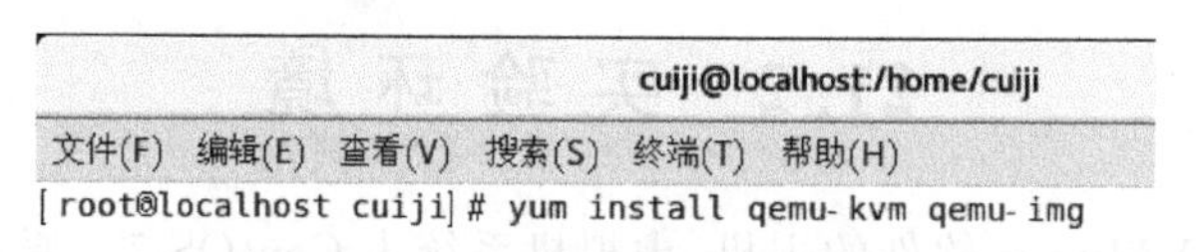

图 21-2 安装虚拟化软件包示意

（2）安装管理工具 virt-manager 软件包，用于管理虚拟机，如图 21-3 所示。

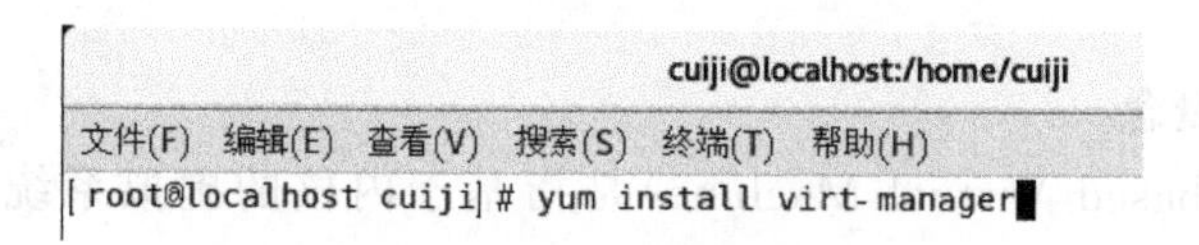

图 21-3 安装虚拟机管理软件包示意

（3）开启虚拟机处理器的虚拟化功能。在 VMware 中选择“虚拟机”→“设置”选项，弹出“虚拟机设置”对话框，选择“处理器”选项，勾选“虚拟化引擎”中的第一项“虚拟化 Intel VT-x/EPT 或 AMD-V/RVI(V)”选项，如图 21-4 所示。

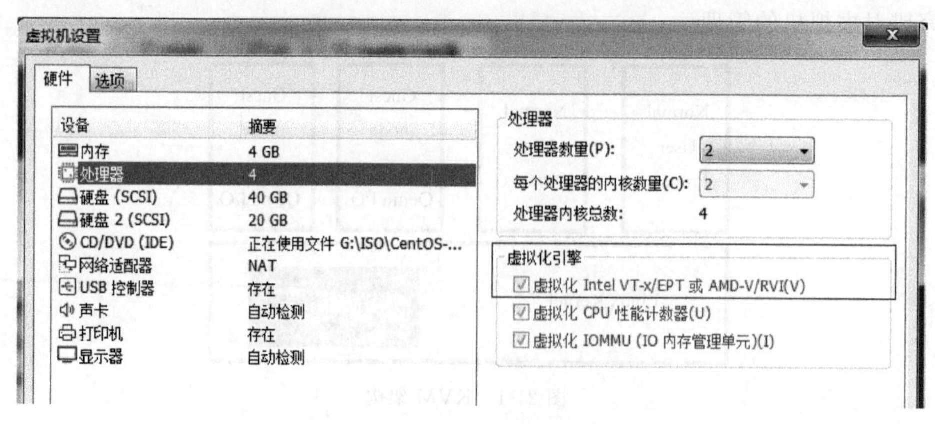

图 21-4 “虚拟机设置”对话框

注，只有开启该功能，在 VMware 中才能安装 KVM 虚拟机，否则会报错。处理器的数量可根据实际情况设置。

21.4.2 安装虚拟机

利用 virt-manager 可以创建、配置、安装或者维护虚拟机，且提供了图形界面，便于初学者使用。这里以安装 CentOS 7 为例，介绍安装一台虚拟机的步骤。

（1）在 CentOS 7 图形界面上，选择“应用程序”→“系统工具”→“虚拟系统管理器”选项，如图 21-5 所示，弹出“虚拟系统管理器”窗口，如图 21-6 所示。

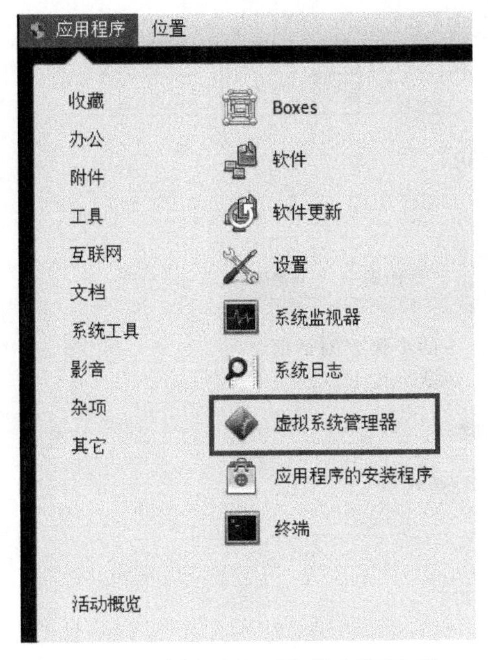

图 21-5 选择“虚拟系统管理器”选项

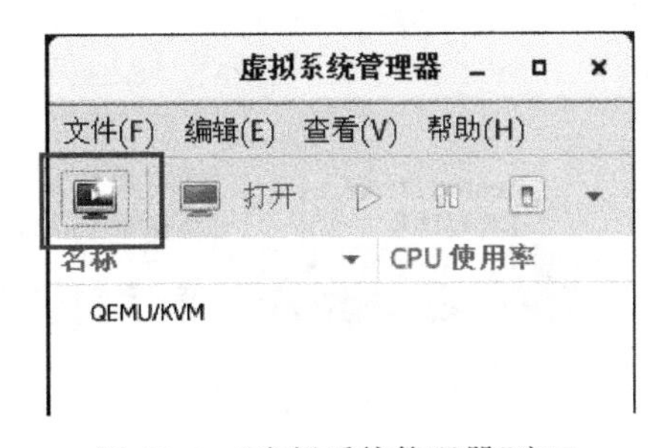

图 21-6 “虚拟系统管理器”窗口

（2）在“虚拟系统管理器”窗口中单击工具栏上面的“创建虚拟机”按钮，打开“生成新虚拟机”对话框，如图 21-7 所示。在图中首先需要选择安装方式，本例中使用默认的安装方式，即“本地安装介质(ISO 映像或者光驱)”。单击“前进”按钮。

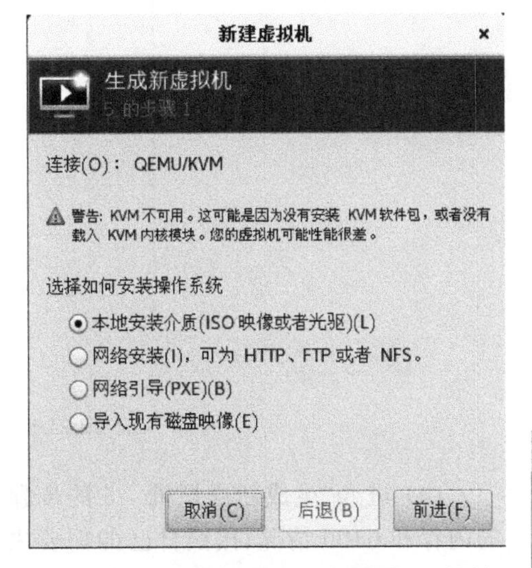

图 21-7 “生成新虚拟机 5 的步骤 1”对话框

（3）向导会询问安装介质在哪里，如图 21-8 所示。可以使用物理光盘或者映像文件定位安装介质，这里选择“使用 ISO 映像”。单击右边的“浏览”按钮，打开“选择存储卷”对话框，如图 21-9 所示，单击“本地浏览”按钮，在弹出的目录下找到光盘的 ISO 文件(需要事先将光盘文件上传到系统的某个位置，比如本例放在/opt 目录下)，单击右上的“打开”按钮，完成对光盘介质的选择，最后效果如图 21-10 所示。单击“前进”按钮。

新建虚拟机
生成新虚拟机
5 的步骤 2
定位您的安装介质
使用 CD-ROM或 DVD：
CentOS_7_x86_64 (/dev/sr0)
使用 ISO 映像：
浏览(W)...
根据安装介质自动侦测操作系统(U)
操作系统类型(T)：-
版本(V)：-
取消(C)
后退(B)
前进(F)

图 21-8 “生成新虚拟机 5 的步骤 2”对话框

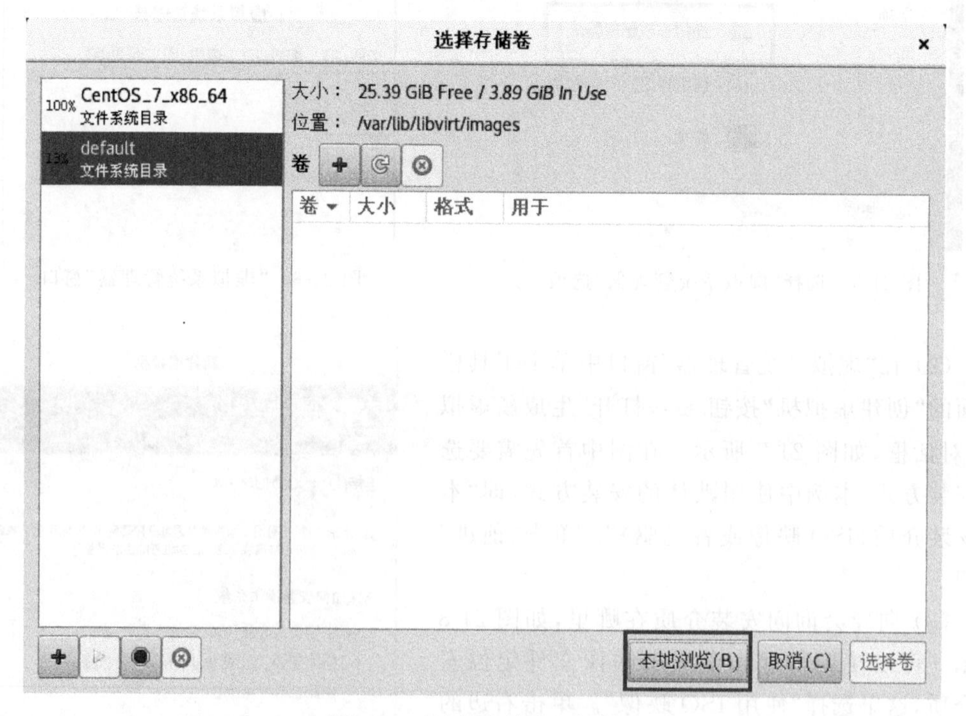

图 21-9 “选择存储卷”对话框

(4) 进入“生成新虚拟机 5 的步骤 3”对话框，如图 21-11 所示。用户可以根据宿主机的内存和 CPU 情况，按照自己的需要来设置内存大小和 CPU 的个数。这里使用默认值，完成后单击“前进”按钮。

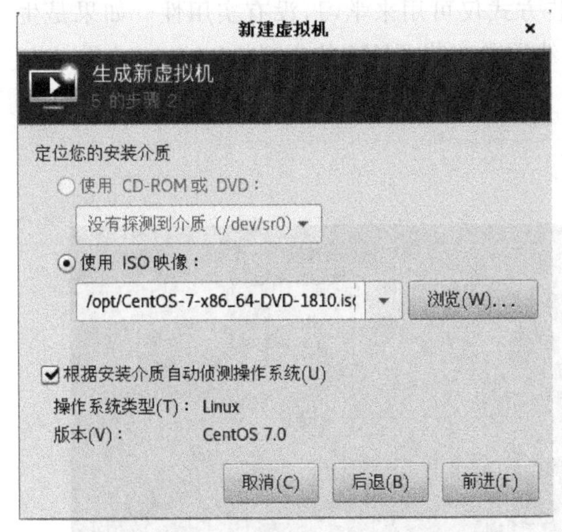

图 21-10　完成对光盘介质的选择

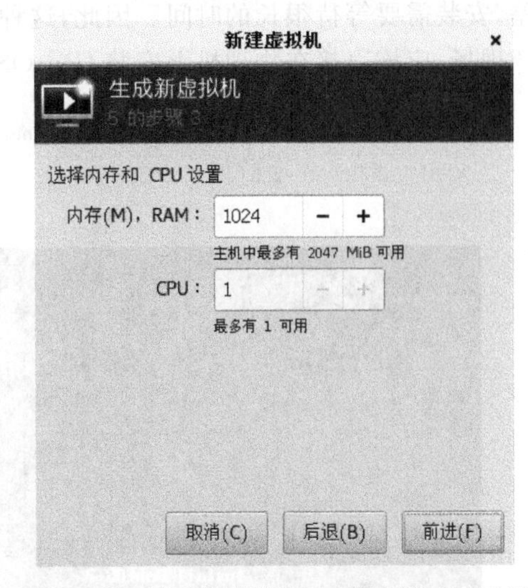

图 21-11　“生成新虚拟机　5 的步骤 3”对话框

(5) 进入设置虚拟机磁盘对话框，如图 21-12 所示。用户可以根据现有磁盘的情况，为虚拟机创建一个新的虚拟磁盘。在创建新的虚拟磁盘时，需要提供虚拟磁盘的大小，如 15GB。完成后单击“前进”按钮。

(6) 安装向导会给出一个安装概要，如图 21-13 所示。包含虚拟机名称、操作系统类型、安装方式、内存大小、存储位置，还可以勾选“在安装前自定义配置”复选框，以便在系统正式安装时进行配置。下面还有网络类型可以选择，默认是 NAT 方式。如果没有问题，就单击“完成”按钮。

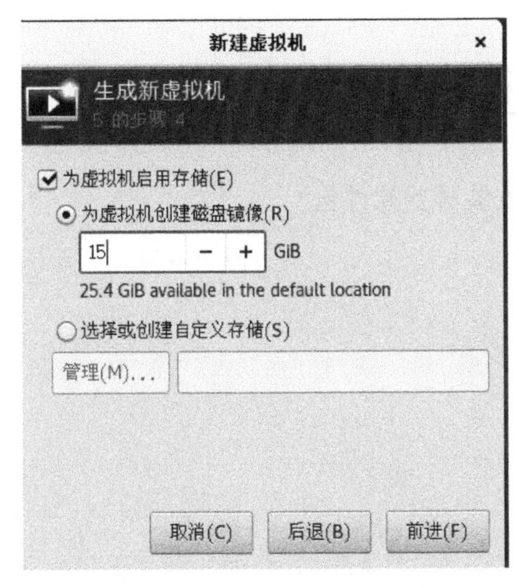

图 21-12　“生成新虚拟机　5 的步骤 4”对话框

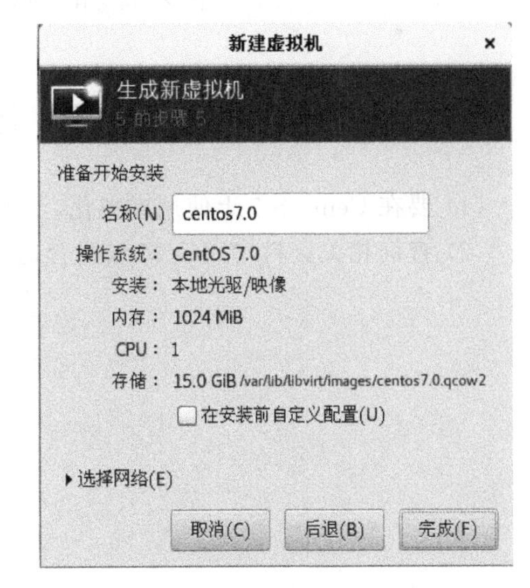

图 21-13　“生成新虚拟机　5 的步骤 5”对话框

(7) 安装向导会创建虚拟机并开始安装虚拟机，如图 21-14 所示。系统安装步骤和在真实物理机上安装步骤一样，这里从略。需要说明的是，由于本实验是在 VMware 虚拟机中安装的 CentOS 7 上安装 KVM 虚拟机，相当于虚拟机中再安装虚拟机，磁盘性能会非常差，安装需要等待很长的时间。因此，这种安装方式仅可用来学习，没有实用性。如果是生产现场，应该直接在物理机上安装 CentOS 7，然后再安装 KVM 的虚拟机。

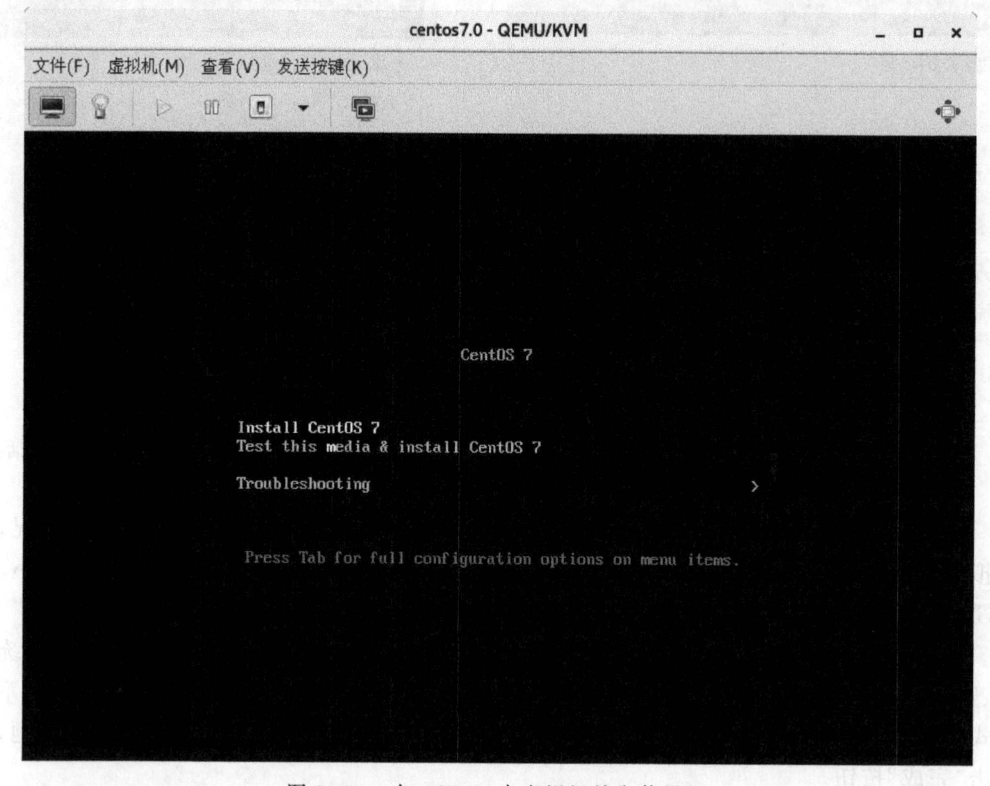

图 21-14 在 QEMU 中虚拟机的安装界面

21.5 思考与练习

(1) 要在 CentOS 7 上使用虚拟化，至少需要安装哪些软件包？

(2) 查询相关资料，为 KVM 设置合适的网络。

附录 A VMware Workstation 14 Pro 使用指南

A.1 认识虚拟机

VMware Workstation Pro 可在其官方网站 https://www.vmware.com/cn/products/workstation-pro.html 上下载最新版本的试用版本，有效期 30 天，这里介绍的是 VMware Workstation 14 Pro 的基本使用方法，便于学生学习使用。

A.1.1 虚拟机简介

虚拟机是一种软件形式的计算机，和物理机一样能运行操作系统和应用程序。虚拟机可使用其所在物理机(即主机系统)的物理资源。虚拟机具有可提供与物理硬件相同功能的虚拟设备，在此基础上还具备可移植性、可管理性和安全性优势。

虚拟机拥有操作系统和虚拟资源，其管理方式非常类似于物理机。例如，可以像在物理机中安装操作系统那样在虚拟机中安装操作系统，只要拥有包含操作系统供应商提供的安装文件的 CD-ROM、DVD 或 ISO 映像即可。如图 A-1 所示的是安装在 VMware 中的多个虚拟机操作系统界面。

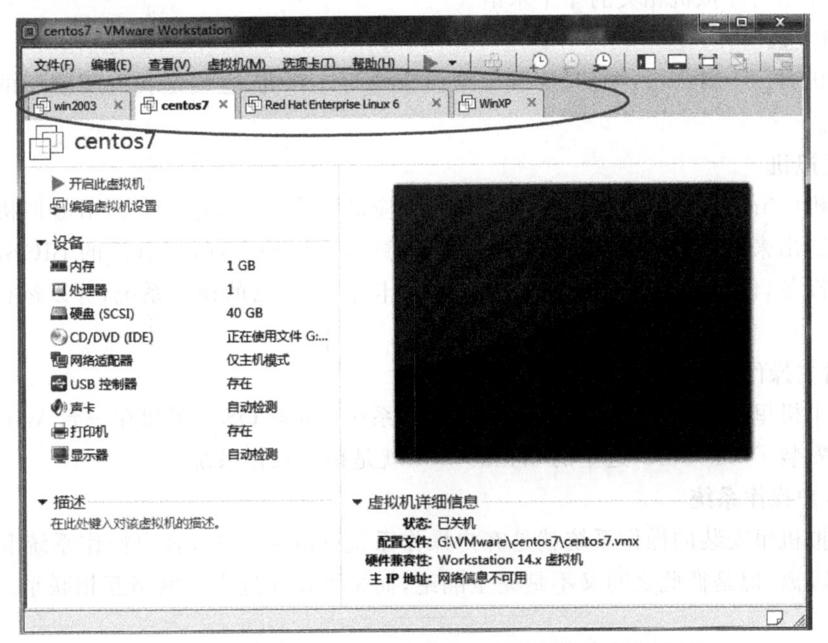

图 A-1 安装在 VMware 中的多个虚拟机操作系统界面

A.1.2 虚拟机的优点

1. 完美的多系统方案

如果要在一台计算机上装多个操作系统,且不用虚拟机,那么有两个办法:一是装多块硬盘,每块硬盘装一个操作系统,这个方法比较昂贵;二是在一块硬盘上装多个操作系统,这个方法不够安全,因为硬盘MBR(Master Boot Record)是操作系统的必争之地,搞不好会几个操作系统同归于尽。而使用虚拟机软件既省钱又安全,对想学Linux和UNIX操作系统的朋友来说很方便。

2. 一台计算机的局域网

虚拟机可以在一台计算机上同时运行几个操作系统,组成一个虚拟的局域网。

3. 学习、测试的最好帮手

利用虚拟机可以方便地进行软件测试,无须担心安装的软件会对操作系统产生什么影响。

A.1.3 使用虚拟机的系统环境

1. 硬件要求

与x86的64位兼容的个人计算机,内存一般不要少于4GB,硬盘尽可能地大。由于虚拟机中需要运行多个系统,因此内存、硬盘的大小是外面主机和虚拟机的总需求之和。

2. 软件环境

VMware有针对不同操作系统的版本。

A.1.4 关于虚拟机的4个术语

这里介绍与虚拟机相关的4个术语。

1. 宿主机

宿主机(Host Machine)就是安装虚拟机软件的计算机,也就是我们所使用的物理计算机(主机)。

2. 虚拟机

虚拟机(Virtual Machine)是与宿主机相对应的一个概念,它是指利用虚拟机工具在宿主机里构造出来的虚拟计算机。具有和物理计算机一样的实现,有自己的BIOS,有一套完整的硬件设备,包括内存、硬盘、光驱、网卡和显卡等,有自己的操作系统,可以运行自己的应用软件。

3. 宿主操作系统

在宿主机里安装的操作系统就是宿主操作系统(Host OS),例如在一台Windows 7的计算机里安装了VMware,这里的Windows 7就是宿主操作系统。

4. 客户操作系统

在虚拟机里安装的操作系统就是客户操作系统(Guest OS),客户操作系统和宿主操作系统天然隔离,但是彼此之间又不是完全隔绝,而是可以通过虚拟网络互相联系。

A.2 使用虚拟机

在 Workstation 中使用虚拟机时，可以在宿主机与虚拟机之间传输文件和文本、使用主机打印机进行打印、连接可移动设备，以及更改显示设置；也可以使用文件夹来组织和管理虚拟机，并拍摄快照来保留虚拟机的状态。利用其他高级 Workstation 功能，还可以映射虚拟磁盘、设置共享文件夹以在虚拟机之间以及虚拟机与宿主机系统之间共享文件、与远程用户共享虚拟机，以及使用远程宿主机中的虚拟机。

A.2.1 启动虚拟机

可以从菜单"虚拟机"或工具栏启动虚拟机。如果使用"虚拟机"菜单，可以选择硬电源或软电源选项或者以 BIOS 设置模式启动虚拟机。

1. 启动虚拟机的前提条件

如果虚拟机未显示在库中，可选择"文件"→"打开"选项，然后浏览虚拟机配置(.vmx)文件。

2. 启动虚拟机的操作步骤

启动虚拟机的操作步骤如下所述。

(1) 选择虚拟机，然后选择"虚拟机"→"电源"选项。3 个选项的含义如表 A-1 所示。根据相应的子菜单启动虚拟机。

表 A-1 通过菜单开启虚拟机选项

选　项	描　述
开机	(硬电源选项) Workstation 启动虚拟机
启动虚拟机	(软电源选项) Workstation 启动虚拟机，同时 VMware Tools 在虚拟机操作系统内运行脚本。在 Windows 虚拟机中，如果虚拟机被配置为使用 DHCP，脚本将更新虚拟机的 IP 地址。在 Linux 等虚拟机上，脚本将启动虚拟机的网络连接
打开电源时进入固件	以 BIOS 设置模式启动虚拟机

(2) 从工具栏启动虚拟机。选择"虚拟机"选项，单击"启动"按钮。虚拟机中配置的启动电源控制设置将决定 Workstation 是执行硬开机还是软开机操作。

(3) 在虚拟机控制台内部任何位置单击，使虚拟机获得对鼠标和键盘的控制。

A.2.2 关闭虚拟机

可以通过虚拟机菜单的选项来关闭虚拟机。其步骤是：选择"虚拟机"，然后选择"虚拟机"→"电源"选项，弹出两个选项，其含义如表 A-2 所示。

表 A-2 通过菜单选项关闭虚拟机

选　项	描　述
关机	(硬电源选项)Workstation 突然关闭虚拟机，而不考虑进行中的工作
关闭虚拟机	(软电源选项)Workstation 向虚拟机操作系统发送关机信号。操作系统收到信号并进行正常关机

A.2.3 为虚拟机拍摄快照

为虚拟机拍摄快照可以保存虚拟机的当前状态，能够重复返回到同一状态。拍摄快照时，Workstation 会捕捉虚拟机的完整状态。可以使用快照管理器来查看和操作活动虚拟机的快照。

1. 拍摄虚拟机快照

拍摄虚拟机快照的操作步骤如下：

(1) 选择虚拟机，然后选择“虚拟机”→“快照”→“拍摄快照”选项。如图 A-2 所示。

图 A-2 创建快照示意

(2) 为快照输入唯一的名称。

(3)（可选）为快照输入描述。描述对记录说明虚拟机在拍摄快照时的状态非常有用。

(4) 单击“确定”按钮，拍摄快照完成。

2. 恢复到快照

通过恢复到快照，可以将虚拟机恢复到以前的状态。如果在为虚拟机拍摄快照后添加了任何类型的磁盘，恢复到该快照会从虚拟机中移除该磁盘。关联的磁盘(.vmdk)文件如果未被其他快照使用，则会被删除。

要恢复到快照，请选择虚拟机，然后选择“虚拟机”→“快照”→“恢复到快照”菜单选项即可。

3. 在关机时拍摄快照或恢复到快照

可以对虚拟机进行配置，使其在关机时恢复到快照或拍摄新快照。如果在虚拟机关机时放弃更改，那么此功能会非常有用。

操作步骤如下：

(1) 选择虚拟机，然后选择“虚拟机”→“设置”命令，打开“虚拟机设置”对话框，如图 A-3 所示。

(2) 在“选项”选项卡上，选择“快照”，在右侧弹出“关机时”选项，如图 A-4 所示。

(3) 选择关机选项。有 4 种选项可以选择，其含义如表 A-3 所示。

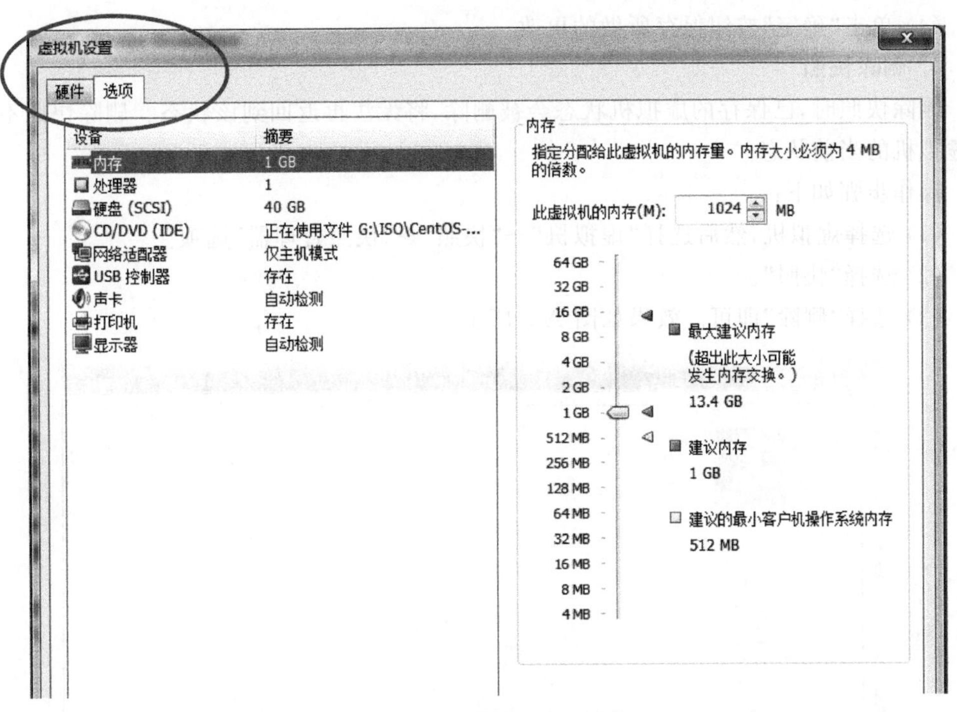

图 A-3　虚拟机设置对话框

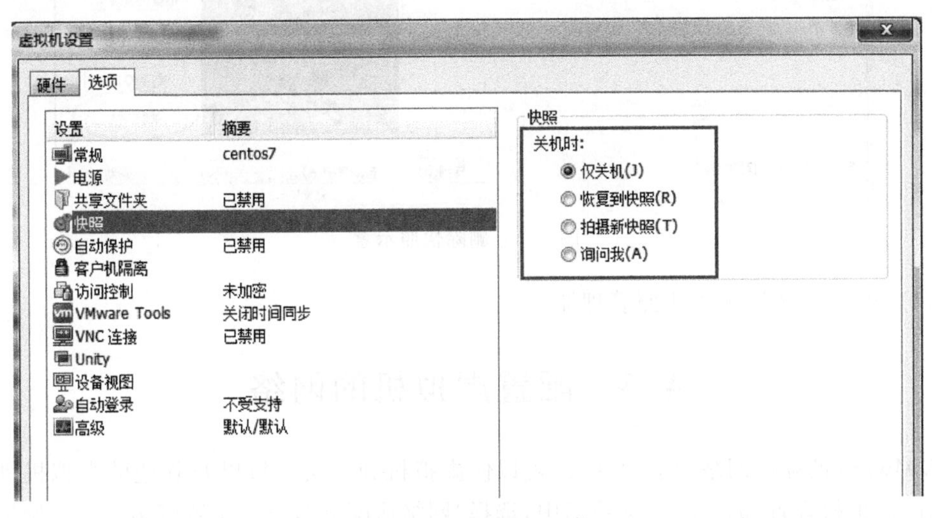

图 A-4　关机时选项示意

表 A-3　当关机时对快照的操作选项

选　　项	描　　述
仅关机	关闭虚拟机，不对快照做任何更改
恢复到快照	恢复到虚拟机当前状态的父快照
拍摄新快照	在虚拟机关机后拍摄新的虚拟机状态快照。该快照会显示在“快照管理器”中。快照的名称为虚拟机关机时的日期和时间，描述为“关机时创建的自动快照”
询问我	在虚拟机关机时提示您选择仅关机、恢复到快照或拍摄新快照

(4) 单击“确定”按钮保存所做的更改。

4. 删除快照

删除快照时,已保存的虚拟机状态会被删除,将无法再返回到该状态。删除快照不会影响虚拟机的当前状态。

操作步骤如下:

(1) 选择虚拟机,然后选择“虚拟机”→“快照”→“快照管理器”选项。

(2) 选择“快照”。

(3) 选择“删除”即可。效果如图 A-5 所示。

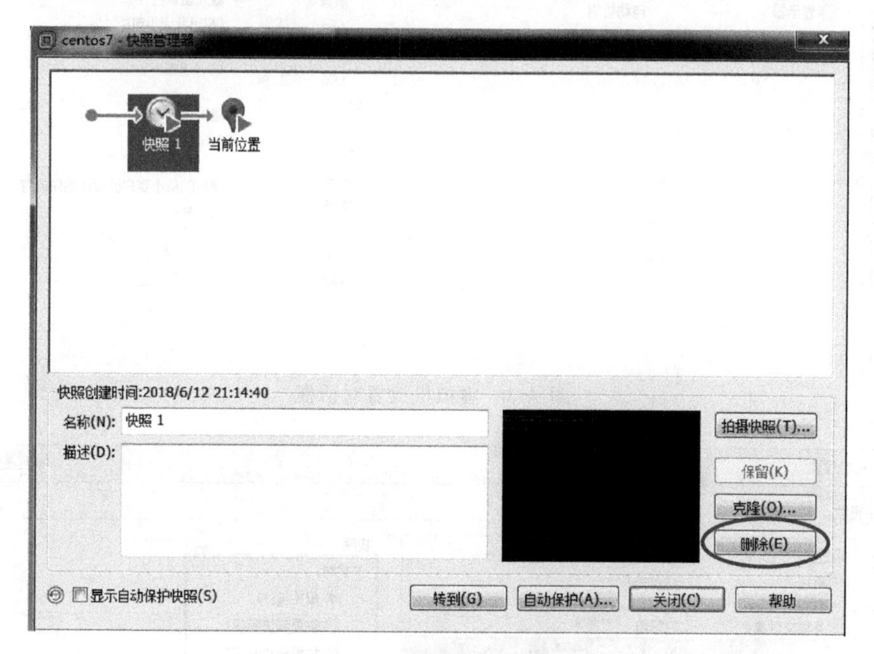

图 A-5 删除快照示意

(4) 单击“关闭”,退出快照管理器。

A.3 配置虚拟机的网络

VMware 的虚拟网络功能很强大,可以使虚拟机和真实主机以及其他的虚拟机进行通信。在“虚拟机设置”的“硬件”选项卡中,选择“网络适配器”,可以设置网络类型。网络连接设置如图 A-6 所示。

虚拟机的通信分为两个部分,一个是局域网内的,另一个是连接到公网的。下面进行详细介绍。

A.3.1 桥接模式

如果宿主机位于局域网中,那么要让虚拟机访问这个局域网,采用桥接网络模式可能是最方便的方法。

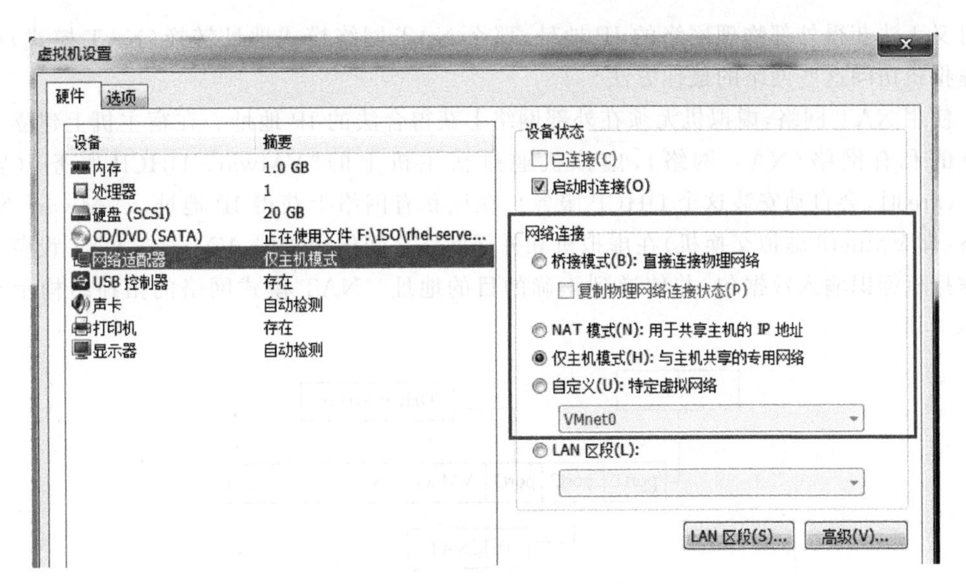

图 A-6 “虚拟机设置”对话框

使用桥接模式(Bridged)的虚拟机必须和宿主机处于同一个网段,也就是虚拟机在外部网络上有合法的网络标识(对于 TCP/IP 网络来说,虚拟机必须具有自己的 IP 地址)。如果局域网上具有 DHCP 服务器,则虚拟机可以自动获得合法的 IP 地址和其他相关网络配置参数(例如,默认网关和 DNS 服务器等),也可以给虚拟机手动分配 IP 地址。

如果使用桥接模式网络,虚拟机的地位和宿主机完全一样,虚拟机可以任意访问外部网络上任意一台计算机,也可以被外部网络上的任意一台计算机访问。在外部网络看来,这台虚拟机完全就像真实的物理计算机一样。

桥接模式网络的拓扑图如图 A-7 所示。一个或者多个虚拟机通过虚拟交换机组成虚拟网络,然后这个虚拟网络和宿主机所在外部物理网络通过虚拟交换机(VMnet0)进行连接。

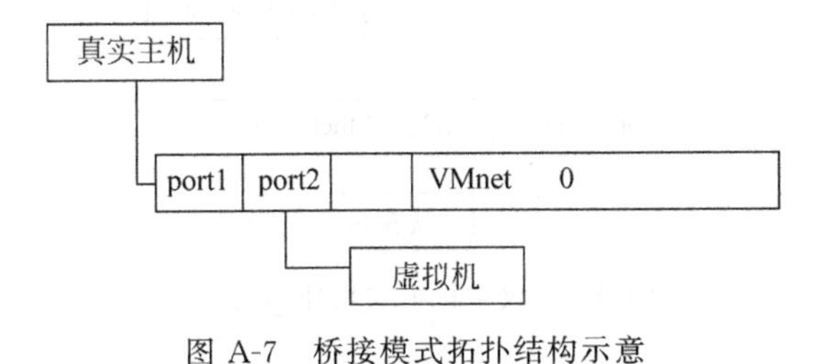

图 A-7 桥接模式拓扑结构示意

注意,安装 VMware Workstation 以后,会自动在宿主机上安装一个 VMware DHCP Service 系统服务,但是这个 DHCP 服务器并不是给桥接网络提供 IP 地址的,它只是给 NAT 网络和 Host-only 网络提供 IP 地址。采用桥接模式网络的虚拟机,其 IP 地址由外部物理网络的 DHCP 服务器提供。

A.3.2 网络地址转换模式

如果想使用宿主机的拨号连接或者宽带连接来访问互联网或者其他 TCP/IP 网络,而同时又无法获得外部物理网络的 IP 地址，那么 NAT 网络模式地址转换(NAT 模式)可能是虚拟机访问这些网络的最佳方法。

使用 NAT 网络，虚拟机无须在外部网络上获得合法的 IP 地址。在宿主机上建立一个独立的私有网络(NAT 网络)，虚拟机通过宿主机上的“VMware DHCP 服务”(安装 VMware 时，会自动安装这个 DHCP 服务)，在该私有网络上获得 IP 地址。VMware NAT 设备(即 VMnet8 虚拟交换机)在虚拟机和外部网络之间传递数据，VMware NAT 设备替每个虚拟机标识输入数据包，并传递到正确的目的地址。NAT 模式网络的拓扑结构示意如图 A-8 所示。

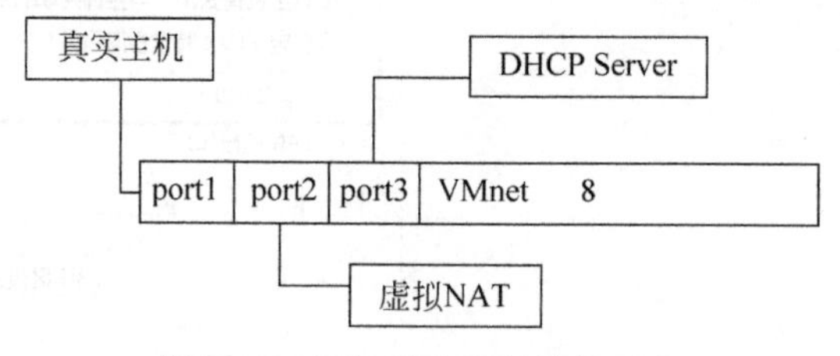

图 A-8　NAT 模式拓扑结构示意

使用 NAT 网络，虚拟机可以使用很多 TCP/IP 连接到外部网络，例如可以使用 HTTP 访问 Web 站点、使用 FTP 传输文件等。不过外部网络的计算机无法直接访问虚拟机，也就是说，采用 NAT 模式网络的虚拟机无法作为服务器对外提供服务。

A.3.3　仅主机模式

仅主机模式(Host-only)可以把宿主机和多个虚拟机组成一个与外界隔绝的“孤岛”网络(仅宿主机网络)。仅主机模式网络的拓扑图如图 A-9 所示，多个虚拟机和宿主机通过虚拟交换机(VMnet1)组成仅主机模式网络，虚拟机和宿主机的虚拟网卡都是通过宿主机上的 VMware DHCP 服务来获得 IP 地址的。

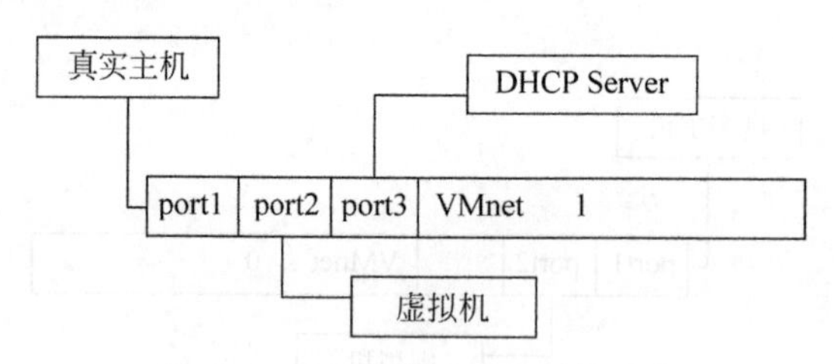

图 A-9　仅主机模式拓扑结构示意

A.3.4　自定义配置模式

如果要设计一个更复杂的网络，就可以采用自定义配置模式(Custom)。在这种配置模式中，可以安装一个或多个虚拟网卡，并可在下面的下拉列表框中选择一个虚拟交换机(也就是表框中所列的 VMnet0～VMnet19，如图 A-10 所示)，将虚拟网卡与虚拟交换机连接。所有连接到同一个虚拟交换机的虚拟机位于同一个虚拟网络。

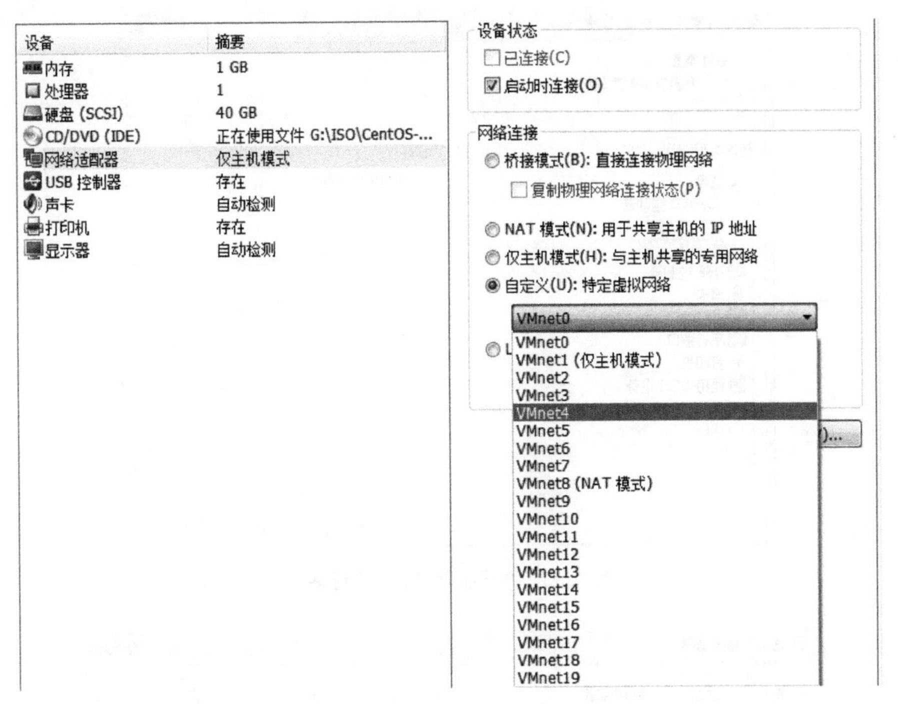

图 A-10　自定义网络连接方式

A.4　配置 VMware 虚拟网络

A.4.1　添加虚拟网卡

添加虚拟网卡的操作步骤如下：

(1) 选择虚拟机，选择“虚拟机”→“设置”选项，打开“虚拟机设置”对话框。

(2) 在“硬件”选项卡下，单击下面的“添加”按钮，打开“添加硬件向导”对话框。

(3) 在“添加硬件向导”对话框中选择“网络适配器”选项，单击“完成”按钮即可，如图 A-11 所示。

A.4.2　虚拟网络编辑器

可以使用虚拟网络编辑器执行以下操作：查看和更改网络连接设置；添加和移除虚拟网络以及创建自定义虚拟网络连接配置。在虚拟网络编辑器中所做的更改将影响在主机系统中运行的所有虚拟机。

在 Windows 系统主机中，任何用户都可以查看网络设置，但仅 Administrator 用户可以更改这些设置。在 Linux 系统主机中，必须输入 root 密码才能访问虚拟网络编辑器。

在 Windows 系统主机上，选择“编辑”→“虚拟网络编辑器”以在 Workstation Pro 中启动虚拟网络编辑器；也可以从主机操作系统中选择“开始”→“程序”→“VMware”→“虚拟网络编辑器”以启动虚拟网络编辑器。启动后的效果如图 A-12 所示。

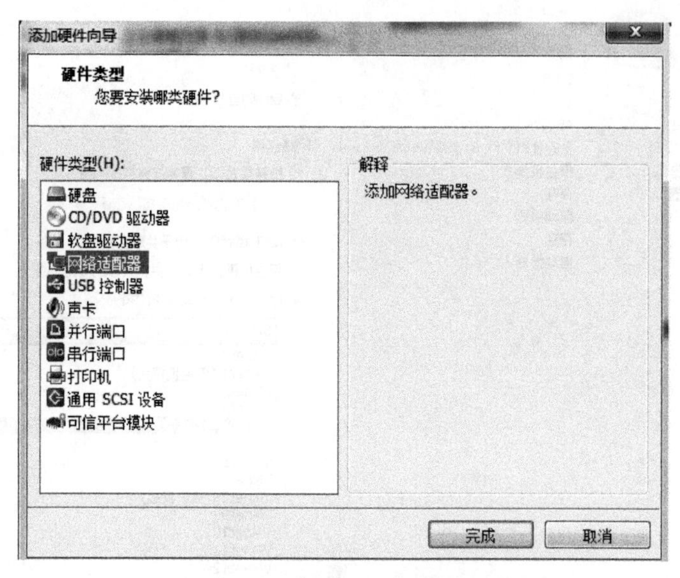

图 A-11 “添加硬件向导”对话框

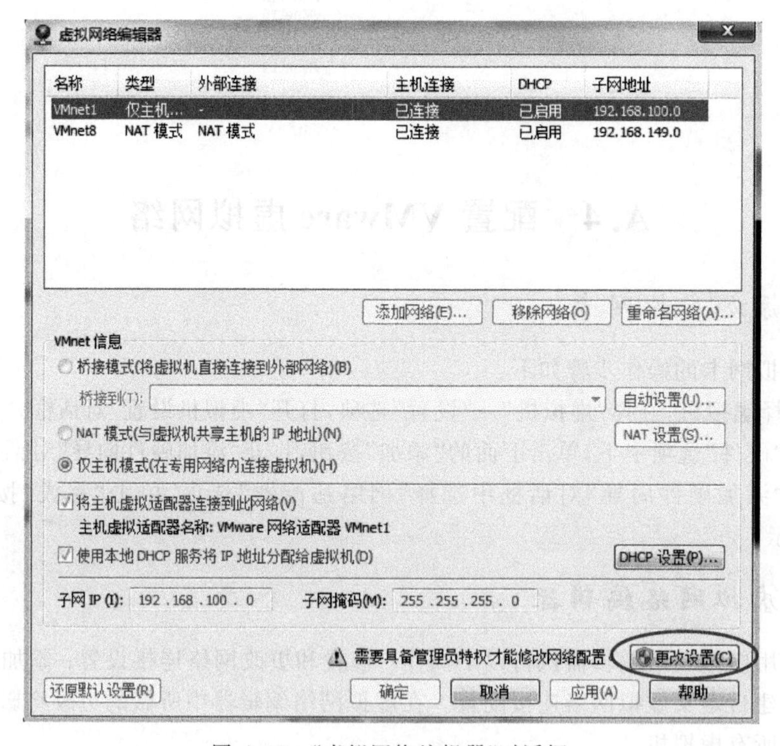

图 A-12 “虚拟网络编辑器”对话框

在 Linux 系统主机上,选择“应用程序”→“系统工具”→“虚拟网络编辑器”以启动虚拟网络编辑器。对于不同的 Linux 版本,菜单路径可能会略有不同。也可以从命令行界面中使用 vmware-netcfg 命令来启动网络编辑器。

通过在“虚拟网络编辑器”对话框中单击“更改设置”按钮可以更改网络连接设置。如图 A-12 所示。

1. 更改自动桥接设置

配置使用自动桥接模式后，可以对虚拟交换机所桥接到的物理网络适配器进行限制。

选择桥接模式网络，并单击自动设置。在默认情况下，当采用自动桥接配置时，虚拟交换机会桥接到主机系统中所有活动的网络适配器。具体选择使用哪一个适配器将随机决定。如需阻止虚拟交换机桥接到特定的物理网络适配器，请取消选中相应主机网络适配器的复选框，如图 A-13 所示。

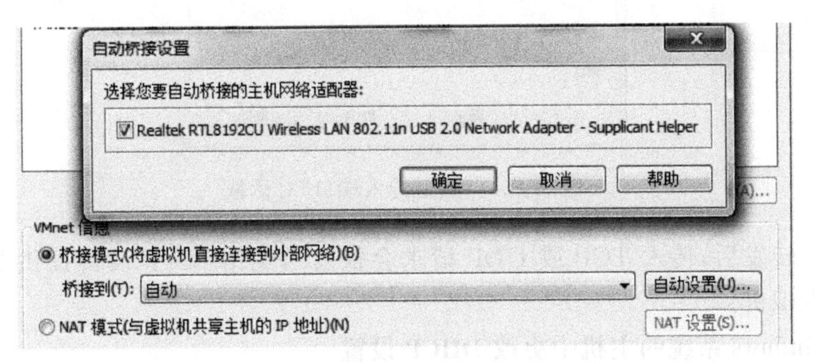

图 A-13 “自动桥接设置”对话框

2. 更改 NAT 设置

可以更改网关 IP 地址、配置端口转发，以及配置 NAT 网络的高级网络设置。

更改 NAT 设置的操作步骤如下：

(1) 选择 NAT 网络，然后单击“NAT 设置”，打开“NAT 设置”对话框，如图 A-14 所示。在默认情况下，NAT 设备会连接到 VMnet 8 虚拟交换机，且只能有一个 NAT 虚拟网络。

(2) 在“网关 IP”文本框中输入新的 IP。如图 A-14 所示。

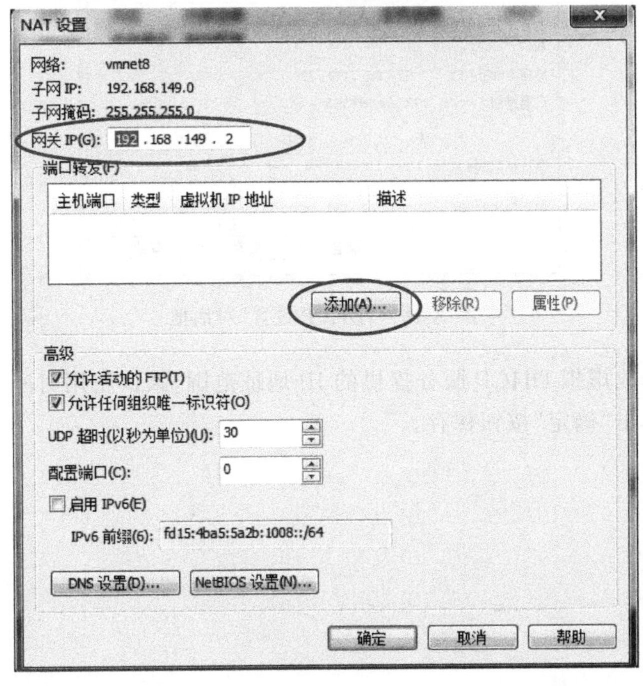

图 A-14 “NAT 设置”对话框

(3) 在“端口转发”中还可以添加用于端口转发的端口。单击“添加”按钮，打开“映射传入端口”对话框，如图 A-15 所示。可根据需要进行填写。完成后单击“确定”按钮即可。

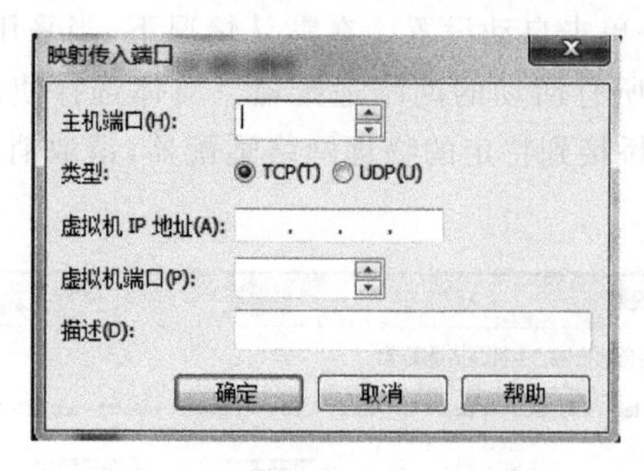

图 A-15 “映射传入端口”对话框

启用端口转发后，传入 TCP 或 UDP 请求会被发送至由 NAT 设备提供服务的虚拟网络中的特定虚拟机。

3. 在 Windows 系统的主机中更改 DHCP 设置

在 Windows 系统的主机中，可以为使用 DHCP 服务分配 IP 地址的 NAT 及仅主机模式网络更改 IP 地址范围和 DHCP 许可证持续时间。

在 Windows 系统的主机中更改 DHCP 设置的操作步骤如下：

(1) 选择 NAT 或仅主机模式网络，然后单击“DHCP 设置”按钮，打开“DHCP 设置”对话框，如图 A-16 所示。

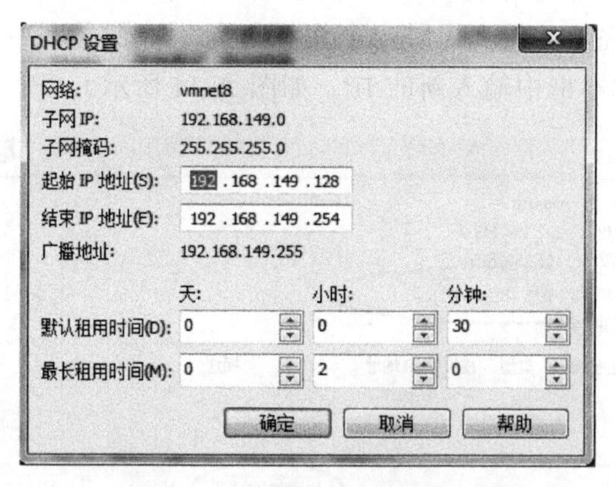

图 A-16 “DHCP 设置”对话框

(2) 填写或修改虚拟 DHCP 服务提供的 IP 地址范围，默认租用时间和最长租用时间。

(3) 完成后单击“确定”按钮保存。

附录B 使用 yum 安装软件包

YUM 是 Yellowdog Updater Modified 的缩写，用于 Linux 系统中添加、删除、更新 RPM 包，它能自动解决包的依赖性问题，方便系统的更新。

当 Linux 系统在使用过程中，如果出现命令无法使用，或者在线帮助手册页无法找到，那么可能的原因是没有安装相应的软件包，这个时候最简单的方法就是使用 yum 命令来安装。

yum 命令的语法是：

```
yum [options] [command] [package ...]
```

选项(options)和命令(command)非常多，读者可以参见 yum 的 man 手册页。下面介绍两种利用 yum 源安装软件包的方法。

B.1 直接使用 Internet 安装软件包

如果 Linux 可以直接连接到 Internet，就可以使用 CentOS 上的 yum 源。其操作步骤如下：

(1) 使用 yum provides | whatprovides feature1 [feature2] [...]命令先找到软件包(即 feature 对应的文件名或者软件名，yum 需要查找该文件名对应的软件包是哪一个 package)。

(2) 使用 yum install package1 [package2][...]安装指定的软件包，其中 package 是上一步中查找到的软件包的名称。根据提示安装完成即可。

B.2 使用本地光盘源安装软件包

CentOS 也可以使用光盘源作为 yum 源，用于安装软件包。下面以 CentOS-7-x86_64-Everything-1804.iso 光盘作为 yum 源来安装 ifconfig 命令为例，来使用 yum 命令在本地安装软件包。

(1) 当执行命令 ifconfig 时，如果出现如图 B-1 所示的提示，说明 ifconfig 命令所在的软件包没有正确安装。

```
[root@localhost ~]# ifconfig
-bash: ifconfig: 未找到命令
[root@localhost ~]# 
```

图 B-1 ifconfig 命令软件包没有安装提示

（2）这时需要查看 yum 源的本地光盘配置文件 CentOS-Media.repo，如图 B-2 所示。

```
[root@localhost ~]# cat /etc/yum.repos.d/CentOS-Media.repo
# CentOS-Media.repo
#
#  This repo can be used with mounted DVD media, verify the mount point for
#  CentOS-7.  You can use this repo and yum to install items directly off the
#  DVD ISO that we release.
#
# To use this repo, put in your DVD and use it with the other repos too:
#  yum --enablerepo=c7-media [command]
#
# or for ONLY the media repo, do this:
#
#  yum --disablerepo=\* --enablerepo=c7-media [command]

[c7-media]
name=CentOS-$releasever - Media
baseurl=file:///media/CentOS/
        file:///media/cdrom/
        file:///media/cdrecorder/
gpgcheck=1
enabled=0
gpgkey=file:///etc/pki/rpm-gpg/RPM-GPG-KEY-CentOS-7

[root@localhost ~]#
```

图 B-2　使用本地光盘作为 yum 源的配置文件

（3）从图 B-2 中可以看到，要使用光盘源，首先必须把光盘挂载到其指定的地方，如/media/CentOS/。因此，在目录/media 下创建目录 CentOS（如果没有的话），然后将光盘挂载到/media/CentOS 下，完成后的效果如图 B-3 所示。

```
[root@localhost ~]# mkdir /media/CentOS
[root@localhost ~]# mount /dev/cdrom /media/CentOS/
mount: /dev/sr0 写保护，将以只读方式挂载
[root@localhost ~]#
```

图 B-3　挂载光盘到指定目录下的提示

（4）由图 B-2 提示，使用命令：

yum --disablerepo=* --enablerepo=c7-media provides ifconfig

或者 yum --disablerepo=* --enablerepo=c7-media whatprovides ifconfig

可以查看到命令依赖的软件包是 net-tools-2.0-0.22.20131004git.el7.x86_64。

（5）执行软件包安装命令：

yum --disablerepo=* --enablerepo=c7-media install net-tools

根据提示，可以安装软件 net-tools，如图 B-4 所示。系统安装好软件包后，命令 ifconfig 就可以使用了。

```
依赖关系解决

================================================================================
 Package        架构         版本                              源            大小
================================================================================
正在安装:
 net-tools      x86_64       2.0-0.24.20131004git.el7          c7-media      306 k

事务概要
================================================================================
安装  1 软件包

总下载量：306 k
安装大小：918 k
Is this ok [y/d/N]: y
Downloading packages:
Running transaction check
Running transaction test
Transaction test succeeded
Running transaction
  正在安装    : net-tools-2.0-0.24.20131004git.el7.x86_64                    1/1
  验证中      : net-tools-2.0-0.24.20131004git.el7.x86_64                    1/1

已安装:
  net-tools.x86_64 0:2.0-0.24.20131004git.el7

完毕!
```

图 B-4　安装软件包

附录C ELF文件简介

ELF(Executable and Linking Format,可执行链接格式)文件最初由 UNIX System Laboratories(USL)设计并发布,作为 Application Binary Interface(ABI)的一部分。Tool Interface Standards(TIS)委员会选择它作为 IA32 位体系结构上不同操作系统之间可移植的二进制文件格式,于是它就发展成为事实上的二进制文件格式标准。

ELF 标准中的目标文件,包括待重定位文件、共享目标文件和可执行程序文件,如表 C-1 所示。

表 C-1 ELF 中的目标文件类型及描述

ELF 目标文件类型	描 述
待重定位文件(Relocatable file)	待重定位文件就是通常说的目标文件,源文件编译但未链接。比如使用 gcc-c 参数生成的.o 文件
共享目标文件(Shared object file)	动态链接库,以.so 结尾的文件
可执行文件(Executable file)	可以直接运行的程序文件

ELF 文件格式分为文件头和文件体两部分。其格式如图 C-1 所示。

Linking View	Execution View
ELF header	ELF header
Program header table *optional*	Program header table
Section 1	Segment 1
...	
Section *n*	Segment 2
...	
...	...
Section header table	Section header table *optional*

图 C-1 ELF 文件格式布局示意

图 C-1 中左边是待重定位文件(链接视图),右边是可执行文件(运行视图)。无论是哪种文件,文件开头部分必须是 ELF header。在 ELF header 之后是程序头表,对于可执行文件,这个是必需的;而对于待重定位文件,则是可选的。其他成员的位置要取决于各头表中的说明。在 Linux 系统的/usr/include/elf.h 中,有 ELF 文件的最权威的定义,读者可以参考该文件。下面的介绍主要来源于该文件。

C.1 ELF file header

头的定义由下面结构体实现。

```
#define EI_NIDENT (16)

typedef struct
{
  unsigned char    e_ident[EI_NIDENT];          // Magic number and other info
  Elf32_Half       e_type;                      // Object file type
  Elf32_Half       e_machine;                   // Architecture
  Elf32_Word       e_version;                   // Object file version
  Elf32_Addr       e_entry;                     // Entry point virtual address
  Elf32_Off        e_phoff;                     // Program header table file offset
  Elf32_Off        e_shoff;                     // Section header table file offset
  Elf32_Word       e_flags;                     // Processor - specific flags
  Elf32_Half       e_ehsize;                    // ELF header size in bytes
  Elf32_Half       e_phentsize;                 // Program header table entry size
  Elf32_Half       e_phnum;                     // Program header table entry count
  Elf32_Half       e_shentsize;                 // Section header table entry size
  Elf32_Half       e_shnum;                     // Section header table entry count
  Elf32_Half       e_shstrndx;                  // Section header string table index
} Elf32_Ehdr;
```

上面这个 Elf32_Ehdr 是针对 32 位文件,而下面这个 Elf64_Ehdr 针对的是 64 位的文件。

```
typedef struct
{
 unsigned char    e_ident[EI_NIDENT];          // Magic number and other info
 Elf64_Half       e_type;                      // Object file type
 Elf64_Half       e_machine;                   // Architecture
 Elf64_Word       e_version;                   // Object file version
 Elf64_Addr       e_entry;                     // Entry point virtual address
 Elf64_Off        e_phoff;                     // Program header table file offset
 Elf64_Off        e_shoff;                     // Section header table file offset
 Elf64_Word       e_flags;                     // Processor - specific flags
 Elf64_Half       e_ehsize;                    // ELF header size in bytes
 Elf64_Half       e_phentsize;                 // Program header table entry size
 Elf64_Half       e_phnum;                     // Program header table entry count
 Elf64_Half       e_shentsize;                 // Section header table entry size
 Elf64_Half       e_shnum;                     // Section header table entry count
 Elf64_Half       e_shstrndx;                  // Section header string table index
} Elf64_Ehdr;
```

结构体中的数据类型是 ELF 中自定义的类型,其含义如表 C-2 所示。

表 C-2　ELF header 中的自定义数据类型、字节大小及含义

数据类型名称	字节大小	含义
Elf32_Half	2	无符号 16bit 整数
Elf64_Half	2	无符号 16bit 整数
Elf32_Word	4	无符号 32bit 整数
Elf32_Sword	4	有符号 32bit 整数
Elf64_Word	4	无符号 32bit 整数
Elf64_Sword	4	有符号 32bit 整数
Elf32_Xword	8	无符号 64bit 整数
Elf32_Sxword	8	有符号 64bit 整数
Elf64_Xword	8	无符号 64bit 整数
Elf64_Sxword	8	有符号 64bit 整数
Elf32_Addr	4	无符号的 32bit 运行地址
Elf64_Addr	8	无符号的 64bit 运行地址
Elf32_Off	4	无符号的 32bit 文件偏移量
Elf64_Off	8	无符号的 64bit 文件偏移量

在上面的结构体中，第一个数据成员是 unsigned char e_ident[EI_NIDENT]。数组 e_ident[16]用来表示 ELF 字符等信息，开头的 4 个字符是 ELF 文件的魔数。其取值及意义如表 C-3 所示。

表 C-3　e_ident 数组的含义

e_ident 数组成员	含义
e_ident[0]=0x7f e_ident[1]='E' e_ident[2]='L' e_ident[3]='F'	ELF 文件的魔数，表明这是一个 ELF 文件
e_ident[4]	ELF 文件类型版本： 0 为无效类型 1 为 32bit 类型 2 为 64bit 类型
e_ident[5]	数据编码格式： 0 为无效的数据编码 1 为小端字节序，即 LSB 2 为大端字节序，即 MSB
e_ident[6]	ELF 版本信息，当前版本是 1
e_ident[7～15]	保留未用，均初始化为 0

第二个数据 e_type 用来指定 ELF 目标文件类型，其取值及意义如表 C-4 所示。

表 C-4　ELF 目标文件类型的取值及意义

ELF 目标文件类型	取值	意义
ET_NONE	0	无类型
ET_REL	1	可重定位文件
ET_EXEC	2	可执行文件
ET_DYN	3	动态共享目标文件

续表

ELF 目标文件类型	取　值	意　义
ET_CORE	4	Core 文件，即程序崩溃时其内存映像的转储格式
ET_NUM	5	自定义的数字类型
ET_LOOS	0xfe00	特定操作系统文件的扩展下边界
ET_HIOS	0xfeff	特定操作系统文件的扩展上边界
ET_LOPROC	0xff00	特定处理器文件的扩展下边界
ET_HIPROC	0xffff	特定处理器文件的扩展上边界

第三个数据 e_machine 用来描述目标文件的体系结构类型，也就是说该文件要在哪种硬件平台（哪种机器）上才能运行。可能的取值非常多，表 C-5 是 elf. h 中部分体系结构，读者可以自行参考 elf. h 文件中的说明。

表 C-5　ELF 目标文件所属的体系结构类型（部分）的取值及意义

体系结构类型	取　值	意　义
EM_NONE	0	未指定
EM_M32	1	AT&T WE 32100
EM_SPARC	2	SUN SPARC
EM_386	3	Intel 80386
EM_68K	4	Motorola m68k family
EM_88K	5	Motorola m88k family
EM_860	7	Intel 80860
EM_MIPS	8	MIPS R3000 big-endian
EM_S370	9	IBM System/370
…	…	…
EM_X86_64	62	AMD x86-64 architecture
EM_PDSP	63	Sony DSP Processor
…	…	…

C. 2　Section header

程序中包括多个节（Section），多个节经过链接之后就合并成一个段。节头表是节头的集合。节头的定义如下所述。

```
typedef struct
{
  Elf32_Word     sh_name;          // Section name (string tbl index)
  Elf32_Word     sh_type;          // Section type
  Elf32_Word     sh_flags;         // Section flags
  Elf32_Addr     sh_addr;          // Section virtual addr at execution
  Elf32_Off      sh_offset;        // Section file offset
  Elf32_Word     sh_size;          // Section size in bytes
  Elf32_Word     sh_link;          // Link to another section
  Elf32_Word     sh_info;          // Additional section information
```

```
  Elf32_Word     sh_addralign;          // Section alignment
  Elf32_Word     sh_entsize;            // Entry size if section holds table
} Elf32_Shdr;

typedef struct
{
  Elf64_Word     sh_name;               // Section name (string tbl index)
  Elf64_Word     sh_type;               // Section type
  Elf64_Xword    sh_flags;              // Section flags
  Elf64_Addr     sh_addr;               // Section virtual addr at execution
  Elf64_Off      sh_offset;             // Section file offset
  Elf64_Xword    sh_size;               // Section size in bytes
  Elf64_Word     sh_link;               // Link to another section
  Elf64_Word     sh_info;               // Additional section information
  Elf64_Xword    sh_addralign;          // Section alignment
  Elf64_Xword    sh_entsize;            // Entry size if section holds table
} Elf64_Shdr;
```

C.3 Program segment header

程序中有很多段,如代码段、数据段等,段的数量和大小是不固定的。程序段头结构如下。

```
typedef struct
{
  Elf32_Word     p_type;                // Segment type
  Elf32_Off      p_offset;              // Segment file offset
  Elf32_Addr     p_vaddr;               // Segment virtual address
  Elf32_Addr     p_paddr;               // Segment physical address
  Elf32_Word     p_filesz;              // Segment size in file
  Elf32_Word     p_memsz;               // Segment size in memory
  Elf32_Word     p_flags;               // Segment flags
  Elf32_Word     p_align;               // Segment alignment
} Elf32_Phdr;

typedef struct
{
  Elf64_Word     p_type;                // Segment type
  Elf64_Word     p_flags;               // Segment flags
  Elf64_Off      p_offset;              // Segment file offset
  Elf64_Addr     p_vaddr;               // Segment virtual address
  Elf64_Addr     p_paddr;               // Segment physical address
  Elf64_Xword    p_filesz;              // Segment size in file
  Elf64_Xword    p_memsz;               // Segment size in memory
  Elf64_Xword    p_align;               // Segment alignment
} Elf64_Phdr;
```

C.4 ELF 文件实例分析

下面以程序 helloworld 为例来分析 ELF 头文件格式内容。程序源代码如下：

```
#include <stdio.h>

int main()
{
  char * c;
  c = "hello world!";
  printf ("%s\n",c);
  return 0;
}
```

执行命令：gcc helloworld.c -o helloworld 生成可执行程序 helloworld。文件大小为 8448Byte。

执行命令：xxd -u -a -g 1 -s 0 -l 8448 ./helloworld

xxd 命令可以查看程序的十六进制输出格式。图 C-2 所示的是使用 xxd 命令显示的截图(部分)。输出包括三个部分：最左边是十六进制地址(或叫偏移量)；中间是文件的内容,每两位为一字节,每行共 16Byte；最右边是字符显示区,可显示字符正常输出,但控制字符用“.”显示。

```
[root@localhost ~]# xxd -u -a -g 1 -s 0 -l 8448 ./helloworld
0000000: 7F 45 4C 46 02 01 01 00 00 00 00 00 00 00 00 00  .ELF............
0000010: 02 00 3E 00 01 00 00 00 30 04 40 00 00 00 00 00  ..>.....0.@.....
0000020: 40 00 00 00 00 00 00 00 40 19 00 00 00 00 00 00  @.......@.......
0000030: 00 00 00 00 40 00 38 00 09 00 40 00 1F 00 1E 00  ....@.8...@.....
0000040: 06 00 00 00 05 00 00 00 40 00 00 00 00 00 00 00  ........@.......
0000050: 40 00 40 00 00 00 00 00 40 00 40 00 00 00 00 00  @.@.....@.@.....
0000060: F8 01 00 00 00 00 00 00 F8 01 00 00 00 00 00 00  ................
0000070: 08 00 00 00 00 00 00 00 03 00 00 00 04 00 00 00  ................
0000080: 38 02 00 00 00 00 00 00 38 02 40 00 00 00 00 00  8.......8.@.....
0000090: 38 02 40 00 00 00 00 00 1C 00 00 00 00 00 00 00  8.@.............
00000a0: 1C 00 00 00 00 00 00 00 01 00 00 00 00 00 00 00  ................
00000b0: 01 00 00 00 05 00 00 00 00 00 00 00 00 00 00 00  ................
00000c0: 00 00 40 00 00 00 00 00 00 00 40 00 00 00 00 00  ..@.......@.....
00000d0: 0C 07 00 00 00 00 00 00 0C 07 00 00 00 00 00 00  ................
00000e0: 00 00 20 00 00 00 00 00 01 00 00 00 06 00 00 00  .. .............
00000f0: 10 0E 00 00 00 00 00 00 10 0E 60 00 00 00 00 00  ..........`.....
0000100: 10 0E 60 00 00 00 00 00 1C 02 00 00 00 00 00 00  ..`.............
0000110: 20 02 00 00 00 00 00 00 00 00 20 00 00 00 00 00   ......... .....
0000120: 02 00 00 00 06 00 00 00 28 0E 00 00 00 00 00 00  ........(.......
0000130: 28 0E 60 00 00 00 00 00 28 0E 60 00 00 00 00 00  (.`.....(.`.....
0000140: D0 01 00 00 00 00 00 00 D0 01 00 00 00 00 00 00  ................
0000150: 08 00 00 00 00 00 00 00 04 00 00 00 04 00 00 00  ................
0000160: 54 02 00 00 00 00 00 00 54 02 40 00 00 00 00 00  T.......T.@.....
```

图 C-2 程序的十六进制输出格式

对文件输出格式简要说明如下所述。

(1) 第一行：0000000：7F 45 4C 46 02 01 01 00 00 00 00 00 00 00 00 00

它是 e_ident 数组,共 16Byte,前 4Byte 是 ELF 文件魔数,e_ident[0]=0x7F,e_ident[1]=0x45,e_ident[2]=0x4C,e_ident[3]=0x46,对应 ASCII 码的 E、L、F。紧随其后的 e_ident[4]=

02,代表的是 64bitELF 版本。e_ident[5]=01 表示小端字节序,e_ident[6]=01 表示当前版本是 1。其他都初始化为 0。

(2) 第二行:0000010:02 00 3E 00 01 00 00 00 30 04 40 00 00 00 00 00

e_type 属性(2 字节)02 00,由于是小端字节序,所以其值为 0x0002,表示目标文件类型为 ET_EXEC,即可执行文件。

e_machine 属性(2 字节)3E 00,实际值为 0x003E(十进制数为 62),表示目标文件的体系结构类型为 AMD x86-64 architecture。

e_version 属性(4 字节)01 00 00 00,实际值为 0x00000001,表示版本信息为 1。

e_entry 属性(8 字节)30 04 40 00 00 00 00 00,实际值为 0x0000000000400430,表示程序的虚拟入口地址,即 0x400430。

(3) 第三行:0000020:40 00 00 00 00 00 00 00 40 19 00 00 00 00 00 00

e_phoff 属性(8 字节)40 00 00 00 00 00 00 00,实际值为 0x0000000000000040,表示程序头表在文件中的偏移量,即 0x40。

e_shoff 属性(8 字节)40 19 00 00 00 00 00 00,实际值为 0x0000000000001940,表示节头表在文件中的偏移量,即 0x1940。

(4) 第四行:0000030:00 00 00 00 40 00 38 00 09 00 40 00 1F 00 1E 00

e_flags 属性(4 字节)00 00 00 00,值为 0x0。

e_ehsize 属性(2 字节)40 00,实际值为 0x0040,表示 ELF header 的大小,即 0x40(64)。这个值与前面 e_phoff 属性的值应该相等(程序头表紧跟着 ELF header 之后)。

e_phentsize 属性(2 字节)38 00,实际值为 0x0038,表示程序头表结构的大小,即 0x38(56)。

e_phnum 属性(2 字节)09 00,实际值为 0x0009,表示程序头表中段的个数,这里为 9 个段。

e_shentsize 属性(2 字节)40 00,实际值为 0x0040,表示节头表中各节的大小,这里为 0x40(64)。

e_shnum 属性(2 字节)1F 00,实际值为 0x001F,表示节头表中节的个数,这里表示有 0x1F(31)个节。

e_shstrndx(2 字节)1E 00,实际值为 0x001E,表示 Section header string table index 值为 0x1E(30)。

C.5 readelf 命令

功能:显示 ELF 文件信息。

语法:readelf <选项> elffile...

readelf 命令的常用选项及说明如表 C-6 所示。

表 C-6 readelf 命令的常用选项及说明

选　项	说　明
-a,--all	显示全部信息,等价于 -h -l -S -s -r -d -V -A -I
-h,--file-header	显示 elf 文件开始的文件头信息
-l,--program-headers,--segments	显示程序头(段头)信息(如果有的话)
-s,--section-headers,--sections	显示节头信息(如果有的话)
-e,--headers	显示全部头信息,等价于:-h -l -S

图 C-3 所示的是显示 ELF 头文件中的内容,可以看出与 C. 4 中分析的内容一致。

```
[root@localhost ~]# readelf -h ./helloworld
ELF 头:
  Magic:   7f 45 4c 46 02 01 01 00 00 00 00 00 00 00 00 00
  类别:                              ELF64
  数据:                              2 补码, 小端序 (little endian)
  版本:                              1 (current)
  OS/ABI:                            UNIX - System V
  ABI 版本:                          0
  类型:                              EXEC (可执行文件)
  系统架构:                          Advanced Micro Devices X86-64
  版本:                              0x1
  入口点地址:               0x400430
  程序头起点:          64 (bytes into file)
  Start of section headers:          6464 (bytes into file)
  标志:             0x0
  本头的大小:       64 (字节)
  程序头大小:       56 (字节)
  Number of program headers:         9
  节头大小:         64 (字节)
  节头数量:         31
  字符串表索引节头: 30
[root@localhost ~]#
```

图 C-3　readelf 显示头文件内容

附录D makefile 文件简介

在编写小程序时,许多人都会在编辑完源文件后简单地重新编译所有文件以重建应用程序。但对大型程序来说,使用这种处理方式会带来明显的问题。例如,编辑—编译—测试这一循环的周期将变长;如果仅仅改动一个源文件,所有的源文件可能都需要重新编译。

对于习惯于在 Windows 下进行程序开发的用户来说,因为程序开发多在集成开发环境中进行(如 Visual C++中),这些集成开发环境一般会根据开发者的设置,自动生成开发文件。而对于在 Linux 下进行程序设计,需要开发者自己写开发文件,这种文件类似于脚本文件,有相应的语法规则。makefile 就是这种类型的文件。

D.1 makefile 的语法

makefile 文件由一组依赖关系和规则构成。其中,每个依赖关系又由一个目标(即将要创建的文件)和一组该目标所依赖的源文件组成。规则描述了如何通过这些依赖文件创建目标。其语法规则如下:

```
目标文件: 依赖文件
        命令
```

[说明]

(1) 目标文件:可以是 object file、可执行文件或者是一个标签。

(2) 依赖文件:它是生成目标文件所需要的目标或文件,在冒号后是空格或 Tab,如果有多个文件,中间用空格或制表符 Tab 键分隔。

(3) 命令:需要执行的命令。注意,命令这一行需要以 Tab 键开头,否则编译无法识别。

下面是一个简单的 makefile 文件示例。

```
hello:  main.o func1.o func2.o
    gcc main.o func1.o func2.o -o hello
main.o:  main.c
    gcc -c main.c
func1.o:func1.c
    gcc -c func1.c
func2.o:func2.c
    gcc -c func2.c
clean:
    rm -f main.o func1.o func2.o
```

[说明]

(1) 上面的 makefile 文件中共定义了 4 个目标，即 hello、main.o、func1.o、func2.o。可以使用续行号(\)将一个单独的命令行延续成几行，但要注意，在续行(\)后面不能跟任何字条。

(2) clean 是一个标签，冒号后面没有内容，说明没有依赖文件，只是执行下面的命令，这种也叫伪目标。

(3) makefile 文件中的注释以 # 号开头，一直延续到这一行的结束。

D.2 伪 目 标

伪目标不产生真实的目标文件，不需要依赖文件，如上面的 clean 目标。注意，伪目标不能和真实目标文件同名，否则就失去伪目标的意义。为了避免伪目标和真实目标文件同名，可以用关键字".PHONY"来修饰伪目标，这样不管与伪目标同名的文件是否存在，make 照样执行伪目标处的命令。

通常需要显式用.PHONY 修饰伪目标的场合是删除编译过程中的.o 文件，这是为了避免因旧的.o 文件已存在而影响编译。类似如下 makefile 文件：

```
.PHONY:clean
clean:
    rm ./build/*.o
```

伪目标的命名并没有固定的规则，用户可以按照自己的意愿定义成自己喜欢的名字。不过，业界内已经有一些约定俗成的规则，如表 D-1 所示。

表 D-1 约定俗成的伪目标名称及功能描述

伪目标名称	功 能 描 述
all	通常用来完成所有模块的编译工作，类似于 rebuild all
clean	通常用于清空编译完成的所有目标文件，一般用 rm 命令实现
dist	通常用于将打包文件后的 tar 文件再压缩成 gz 文件
install	通常将编译好的程序复制到安装目录下，此目录是在执行 configure 脚本通过--prefix 参数配置的
printf	通常用于打印已经发生改变的文件
tar	通常用于将文件打包成 tar 文件，也就是所谓的归档文件
test	通常用于测试 makefile 流程

D.3 make 命令

make 命令利用 makefile 文件中的数据和每个文件的最后修改时间来确定哪个文件需要更新，对于需要更新的文件，make 可执行 makefile 中定义的命令来更新。

make 命令本身有许多选项，其中最常用的选项有 3 个。

(1) -k：它的作用是让 make 命令在发现错误时仍然继续执行，而不是在检测到第一个错误时就停下来。我们可以利用这个选项在一次操作中发现未编译成功的源文件。

(2) -n：它的作用是让 make 命令输出将要执行的操作步骤，而不是真正执行这些操作。

(3) -f <filename>：它的作用是告诉 make 命令将哪个文件作为 makefile 文件。如果未使用这个选项，make 命令将首先查找当前目录下名为 makefile 的文件，如果该文件不存在，就会查找名为 Makefile 的文件。

另外，为了指示 make 命令创建一个特定的目标(通常是一个可执行文件)，我们可以把该目标的名字作为 make 命令的一个参数，否则，make 命令将试图创建列在 makefile 文件中的第一个目标。许多程序员都会在自己的 makefile 文件中将第一个目标定义为 all，然后再列出其他的从属目标。这样可以明确地告诉 make 命令，在未指定特定目标时，默认情况下应该创建哪个目标。

D.4 自定义变量与系统变量

变量的定义语句：变量名＝值(字符串)，多个值之间用空格分开。make 程序在处理时会用空格将值打散，然后遍历每一个值。另外，值仅支持字符串类型，即使是数字也被当作字符串来处理。

变量引用的格式：$(变量名)

下面是一个 makefile 中用变量名定义目标文件的例子。

```
test2.o:  test2.c
    gcc -c -o test2.o test2.c
test1.o:  test1.c
    gcc -c -o test1.o test1.c
objfiles = test1.o test2.o
test.bin:  $(objfiles)
    gcc -o test.bin $(objfiles)
all:  test.bin
    @echo "compile done"
```

makefile 中也有预定义的变量，其名称和含义如表 D-2 所示。

表 D-2 make 的主要预定义变量及含义

预定义变量	含 义
$*	不包含扩展名的当前依赖文件名称
$+	所有的依赖文件，以空格分开，并以出现的先后为序，可能包含重复的依赖文件
$<	第一个依赖文件的名称
$?	所有的依赖文件，以空格分开，这些依赖文件的修改日期比目标文件新
$@	目标文件的完整集合
$^	所有的依赖文件，以空格分开，不包含重复的依赖文件
$%	如果目标是归档成员，则该变量表示目标的归档成员名称。例如，如果目标名称为 mytarget.so(image.o)，则 $@为 mytarget.so，而$%为 image.o
AR	归档维护程序的名称，默认值为 ar

续表

预定义变量	含　义
ARFLAGS	归档维护程序的选项
AS	汇编程序的名称,默认值为 as
ASFLAGS	汇编程序的选项
CC	C 编译器的名称,默认值为 cc
CCFLAGS	C 编译器的选项
CPP	C 预编译器的名称,默认值为 $ (CC) -E
CPPFLAGS	C 预编译的选项
CXX	C++编译器的名称,默认值为 g++
CXXFLAGS	C++编译器的选项
FC	FORTRAN 编译器的名称,默认值为 f77
FFLAGS	FORTRAN 编译器的选项

参 考 文 献

[1] NEIL MATTHEW,RICHARD STONES. Linux 程序设计[M]. 陈健,宋健建,译. 3 版. 北京：人民邮电出版社,2007.

[2] 谢青松,何凯. 操作系统实践教程[M]. 北京：清华大学出版社,2016.

[3] 赵国生,王健. Linux 操作系统原理与应用[M]. 北京：机械工业出版社,2016.

[4] 王亚飞,王刚. CentOS 7 系统管理与运维实战[M]. 北京：清华大学出版社,2016.

[5] 曹江华. Red Hat Enterprise Linux 7.0 系统管理[M]. 北京：电子工业出版社,2015.

[6] 郑钢. 操作系统真像还原[M]. 北京：人民邮电出版社,2016.

[7] 申丰山,王黎明. 操作系统原理与 Linux 实践教程[M]. 北京：电子工业出版社,2016.

[8] 郁红英. 计算机操作系统实验指导[M]. 3 版. 北京：清华大学出版社,2018.

[9] 侯海霞,李雪梅,蔡仲博,等. 操作系统实用教程[M]. 北京：机械工业出版社,2016.

[10] 任爱华,王雷,罗晓峰,等. 操作系统实用教程[M]. 3 版. 北京：清华大学出版社,2010.

[11] 俞甲子,石凡,潘爱民. 程序员的自我修养——链接、装载与库[M]. 北京：电子工业出版社,2009.

[12] 罗秋明. 操作系统之编程观察[M]. 北京：清华大学出版社,2018.

[13] 徐诚. Linux 环境 C 程序设计[M]. 北京：清华大学出版社,2010.

[14] 陈莉君,康华. Linux 操作系统原理与应用[M]. 2 版. 北京：清华大学出版社,2012.

[15] 徐虹,何嘉,王铁军. 操作系统实验指导——基于 Linux 内核[M]. 3 版. 北京：清华大学出版社,2016.

[16] 潘中强,王刚. Red Hat Enterprise Linux 7.3 系统管理实战[M]. 北京：清华大学出版社,2018.

[17] 肖力,汪爱伟,杨俊俊,等. 深度实践 KVM：核心技术、管理运维、性能优化与项目实施[M]. 北京：机械工业出版社,2015.

[18] 鸟哥. Linux 私房菜基础学习篇[M]. 4 版. 北京：人民邮电出版社,2018.

[19] WILLIAM STALLINGS. 操作系统精髓与设计原理[M]. 郑然,邵志远,谢美意,译. 8 版. 北京：人民邮电出版社,2019.

图书资源支持

感谢您一直以来对清华版图书的支持和爱护。为了配合本书的使用，本书提供配套的资源，有需求的读者请扫描下方的"书圈"微信公众号二维码，在图书专区下载，也可以拨打电话或发送电子邮件咨询。

如果您在使用本书的过程中遇到了什么问题，或者有相关图书出版计划，也请您发邮件告诉我们，以便我们更好地为您服务。

资源下载、样书申请

书圈

我们的联系方式：

地　　址：北京市海淀区双清路学研大厦 A 座 701

邮　　编：100084

电　　话：010-83470236　010-83470237

资源下载：http://www.tup.com.cn

客服邮箱：2301891038@qq.com

QQ：2301891038（请写明您的单位和姓名）

扫一扫，获取最新目录

课　程　直　播

用微信扫一扫右边的二维码，即可关注清华大学出版社公众号"书圈"。

图书资源支持

感谢您一直以来对清华版图书的支持和爱护。为了配合本书的使用，本书提供配套的资源，有需求的读者请扫描下方的"书圈"微信公众号二维码，在图书专区下载，也可以拨打电话或发送电子邮件咨询。

如果您在使用本书的过程中遇到了什么问题，或者有相关图书出版计划，也请您发邮件告诉我们，以便我们更好地为您服务。

我们的联系方式：

地　　址：北京市海淀区双清路学研大厦A座701

邮　　编：100084

电　　话：010-83470236　010-83470237

资源下载：http://www.tup.com.cn

客服邮箱：2301891038@qq.com

QQ：2301891038（请写明您的单位和姓名）

资源下载、样书申请

书圈

扫一扫，获取最新目录

课程直播

用微信扫一扫右边的二维码，即可关注清华大学出版社公众号"书圈"。